SECOND MÉMOIRE

SUR

LA PAPETERIE,

Dans lequel on traite de la nature & des qualités des pâtes Hollandoifes & Françoifes, ainfi que des ufages auxquels les produits de ces pâtes peuvent être propres.

Lû à l'Académie Royale des Sciences, en Décembre 1774.

Par M. DESMAREST, de la même Académie, & Infpecteur des Manufactures.

M. DCCLXXVIII.

SECOND MÉMOIRE
SUR LA PAPETERIE,

Dans lequel, en continuant d'expoſer la Méthode Hollandoiſe, l'on traite de la nature & des qualités des Pâtes Hollandoiſes & Françoiſes ; de la manière dont elles ſe comportent dans les procédés de la fabrication & des apprêts : Enfin des différens uſages auxquels peuvent être propres les produits de ces Pâtes.

J'AI décrit dans mon premier Mémoire, les principales manipulations que les Hollandois mettoient en uſage, pour donner des apprêts convenables à leurs papiers, & ſur-tout à ceux qu'ils deſtinoient à l'écriture & au deſſin. J'ai détaillé les précautions qu'ils prenoient pour ménager la deſſiccation de l'étoffe du papier dans des étendoirs conſtruits au rez-de-chauſſée, pour avoir un bon collage, & enfin pour adoucir le grain de leurs papiers par les opérations de l'échange. J'ai toujours mis en oppoſition les défectuoſités de notre méthode dans ce genre de travail, avec les avantages & les ſuccès de la leur ; mais je n'ai point perdu de vue ce que notre fabrication produiſoit de plus parfait que la leur, ni les moyens qui nous conduiſoient à ces réſultats précieux. Enfin, jetant un coup-d'œil général ſur l'art & ſur ſes produits, j'ai fait voir juſqu'où les apprêts de l'étoffe pouvoient modifier ſes qualités & même les perfectionner pour certains uſages ; en un mot, quelles variations ces apprêts devoient éprouver, ſuivant qu'on deſtinoit du papier à l'écriture ou à l'impreſſion.

Dans ce premier Mémoire, où je voulois prévenir les Fabricans François fur les différences des procédés Hollandois & des nôtres, je crus devoir me borner aux apprêts, parce que j'efpérois que ces apprêts pourroient être introduits dans nos Ateliers fans qu'on y fît de grands changemens : j'ai éprouvé avec fatisfaction que mes vues & mes efpérances ont été remplies à cet égard. Le zèle & l'émulation que la lecture de mon Mémoire m'a paru infpirer aux Fabricans François les plus riches & les plus intelligens, m'ont engagé à continuer l'expofition & l'analyfe de la Méthode Hollandoife, en l'envifageant fur-tout relativement à la nature, aux qualités & à l'emploi de leurs pâtes : je fuis auffi la comparaifon de notre méthode, quant à ces objets importans. J'établis donc, dans le premier article de ce Mémoire, les caractères & les qualités des pâtes que les Hollandois & les François emploient dans leur fabrication. Je montre dans le fecond, les modifications que les procédés de fabrication & d'apprêt ont reçues dans les Ateliers des deux Nations, en conféquence des pâtes. J'indique dans le troifième, quelles font les qualités des pâtes qui doivent entrer dans la compofition des papiers que l'art fournit aux différens befoins de la Société. Dans le quatrième enfin, je fais voir comment les Hollandois font parvenus à établir chez eux un nouvel art, & quels obftacles fe font oppofés à l'introduction de leurs procédés en France.

ARTICLE PREMIER.

De la nature des Pâtes Hollandoifes & Françoifes; caractères diftinctifs de ces pâtes tirées du pourriffage ; effets du pourriffage confidérés relativement aux procédés de la fabrication & des apprêts.

LE premier objet d'obfervation que je me propofai, lorfqu'en 1768 , je vifitai les moulins à papier , difperfés dans les différentes provinces de Hollande, fut d'examiner le chiffon dont les Hollandois faifoient ufage, non-feulement quant à la qualité, mais encore quant aux préparations qu'il pouvoit recevoir avant d'être soumis à la trituration des cylindres. Je vis ces chiffons passer, sans être ni pourris ni lessivés, de la main des délisseuses dans la caisse des cylindres; je remarquai la même pratique, 1.° Pour les chiffons superfins & fins avec lesquels on fabrique, à Sardam, le *Pro-Patria*, le Grand & le Petit Cornet, la Tellière, le Griffon, le papier aux Armes d'Amsterdam, la Couronne, &c. 2.° Pour les chiffons mi-fins & moyens qui entrent dans la composition des grandes Sortes; telles que le Grand Raisin, le Grand Compte, le Chapelet, le Cavalier, le Grand Nom-de-Jésus, l'Impérial & autres papiers propres pour le dessin; 3.° Pour les chiffons des qualités inférieures avec lesquels se fabriquent les papiers à sucre, les papiers propres aux pliages des étoffes, les papiers pour le doublage des Vaisseaux, & les cartons pour les Apprêteurs. Je vis même des amas de vieux cordages & de voiles de Vaisseaux déchirés qu'on hachoit avec des machines armées de couteaux; & de-là, ces matières, réduites en morceaux encore assez gros, étoient portées, sans autre préparation, dans les caisses des cylindres.

Je recueillis ces faits précieux, en visitant les moulins des environs de Sardam, où l'on ne triture le chiffon qu'avec des cylindres mus par le vent; mais ayant suivi mes observations sur le même objet, dans la province de Gueldre, je reconnus que la trituration du chiffon non pourri, n'étoit pas un travail réservé aux seuls cylindres. Dans tous les moulins à papier, où l'on a conservé l'équipage des maillets qu'on fait mouvoir, comme en France, par l'action de l'eau, & qui sont distribués sur les rivières de la Haute Gueldre, les chiffons fins & moyens, & même les chiffons les plus grossiers, se triturent sans que ces matières aient été soumises au moindre pourrissage. La qualité des pâtes est aussi à peu-près la même qu'à Sardam, & l'étoffe des papiers qui en proviennent, aussi ferme & aussi transparente, se prête à tous les procédés particuliers dont on fait usage à Sardam, & dont je parlerai à l'article suivant.

A.

Dans quelques-unes de ces fabriques les mieux montées, dont le travail est le plus soigné & dont les produits sont les plus parfaits ; les maillets servent à l'effilochage des chiffons, & de-là, l'ouvrage passe dans la caisse des cylindres pour y être affiné ; &, ce que je ferai remarquer ici, en passant, comme une circonstance infiniment précieuse & applicable à beaucoup de fabriques en France, tous ces équipages, toutes ces machines sont mues par le même courant d'eau.

A mon retour par la Flandre, je vis de même qu'on avoit supprimé entièrement le pourrissage dans la plupart des moulins établis aux environs de Bruxelles & de Gand, suivant la méthode des Hollandois ; ceux où je retrouvai l'usage de pourrir, comme en France, me présentèrent, quant à leur travail, un objet de comparaison très-intéressant & très-instructif par la différence des pâtes & des papiers qu'on fabriquoit avec les mêmes matières premières & les mêmes machines. Le propriétaire d'un de ces moulins, à qui j'en témoignai ma surprise, m'avoua qu'il étoit dans la disposition de ne plus faire pourrir lorsqu'il auroit remonté ses mouvemens & ses machines ; il m'apprit même, qu'ayant entrepris de fabriquer, pour une manufacture de papiers peints, du Grand Éléphant Bulle, en n'y faisant entrer que des pâtes pourries, il avoit éprouvé les plus grandes difficultés pour lui donner les apprêts convenables à sa destination ; que s'étant avisé de mêler à l'affinage des pâtes pourries, environ un tiers de pâtes non pourries, il étoit parvenu, par le moyen de ce mélange, à fabriquer des papiers plus fermes, plus solides, plus susceptibles d'être adoucis par l'échange, & de prendre un bon collage, au lieu qu'auparavant il n'avoit obtenu, avec les seules pâtes pourries, que des papiers mous, & qui, en particulier, n'avoient pas cette consistance si recherchée, sur-tout en Flandre, pour les manufactures de papiers peints.

Lorsque j'eus gagné les provinces voisines de la Gueldre & de la Flandre, les objets de comparaison se multiplièrent & s'offrirent presque dans tous les Moulins, parce que l'on y avoit conservé l'usage de pourrir comme en France ; les procédés & les manipulations changèrent, tant pour la fabrication que pour les apprêts : les qualités des pâtes & des papiers furent aussi modifiées également : en un mot, la pratique du pourriffage me remit fous les yeux tous les procédés François & leurs produits.

Convaincu par toutes les obfervations précédentes, que les Hollandois & même les Flamands, d'après eux, foumettoient la fubftance du lin & du chanvre à la trituration des cylindres, ainfi qu'à celle des maillets fans aucune préparation antérieure ; je conçus aifément que leurs pâtes étoient proprement cette même fubftance du lin & du chanvre, réduite feulement en molécules plus ou moins fines. Je reconnus en même temps que l'action de leurs machines fe bornoit à délayer dans l'eau tous les principes qui entroient dans la compofition de la toile, en confervant leurs qualités naturelles : car je m'affurai que pendant le travail de ces machines bien acérées, il ne furvenoit dans la fubftance élémentaire du chiffon aucune de ces altérations , dont j'avois été plufieurs fois témoin dans certaines Fabriques de France.

Ce fut alors que comparant ce fyftème à la Méthode Françoife, fondée fur l'ufage général du pourriffage, j'entrevis qu'il devoit en réfulter des changemens confidérables dans l'état naturel des fibres du lin & du chanvre , & que ces altérations devoient être aifées à reconnoître dans les produits de toutes nos Manufactures.

Je conclus de cette comparaifon, que pour diftinguer les qualités différentes des pâtes Françoife & Hollandoife , il fuffifoit de bien analyfer les effets que le pourriffage produifoit fur le chiffon. Je m'attachai donc à ce point de vue, pour me diriger dans mes recherches fur la nature de ces pâtes ; je crus même ne pas devoir embraffer la difcuffion de cette queftion importante, dans toute fon étendue, parce qu'en me livrant à une analyfe chimique, il n'en réfulteroit pas une vérité pratique de plus, & qui fût capable d'éclairer les Fabricans que je devois avoir principalement en vue dans mon travail. Je me fuis donc borné à certains effets les plus fenfibles du pourriffage, & particulièrement à ceux qui pouvoient avoir un rapport intime avec les principales manipulations de la Papeterie, foit relativement à la fabrication, foit relativement aux apprêts.

Dès l'année 1767, je m'étois beaucoup occupé à déterminer les effets du pourriffage fur les chiffons, fur les pâtes & fur les papiers; je ne penfois pas pour lors qu'en 1768, je trouverois l'occafion d'appliquer auffi heureufement les faits que j'avois recueillis dans ces recherches. Ils paroiffent rentrer tellement dans le fujet qui m'occupe aujourd'hui, qu'une expofition courte & fimple de mon travail femble fe placer naturellement ici pour répandre du jour fur une matière qui intéreffe la théorie de l'art.

En 1767, j'entrepris une fuite d'expériences propres à me faire connoître les effets du pourriffage, & à m'éclairer en même temps fur les moyens d'y fuppléer (a). Après avoir trié fix cents livres de chiffon, & l'avoir partagé en cinq lots, je les foumis à des leffives qui les attendrirent, de manière que je fus difpenfé de les faire paffer au pourriffage avant la trituration des maillets.

Je me procurai en même temps un objet de comparaifon, en faifant mettre au pourriffoir une partie de chiffon parfaitement femblable à celle que j'avois deftinée aux leffives.

Après l'effet des leffives d'un côté & du pourriffage de l'autre, je mis à part des échantillons de chacun des lots de chiffons leffivés ou pourris; je confervai de même un morceau de chacune des pâtes effilochées & affinées qui en étoient provenues; & enfin les papiers que je fis fabriquer avec ces pâtes, furent mis à part: je gardai une partie de ces papiers fans qu'ils euffent reçu aucun apprêt, comme celui du collage, &c, & le refte fut préparé à l'ordinaire.

(a) Je me fuis propofé beaucoup d'autres vues encore dans ces épreuves, dont je donnerai quelque jour le précis raifonné, fur-tout lorfque j'aurai complété quelques expériences qui font reftées imparfaites, & que j'aurai pu lier des faits qui font encore ifolés.

Voici donc quels furent les réfultats qué me préfentèrent les échantillons des chiffons, des pâtes, des papiers confidérés fous le point de vue qui m'occupe actuellement; c'eft-à-dire, relativement aux effets du pourriffage.

1.º Les échantillons de chiffon pourri, après avoir été bien lavés, parurent avoir contracté une couleur rougeâtre & terne qui ne pouvoit foutenir l'éclat du blanc, plus ou moins décidé des chiffons leffivés correfpondans.

2.º En maniant les chiffons leffivés, je trouvai qu'ils étoient doux & moëlleux, quoique fermes; dans les chiffons pourris, on fentoit au contraire une certaine féchereffe & une afpérité marquée à la furface d'un tiffu mollaffe.

3.º Le chiffon leffivé étoit compofé de fibres qui ne cédoient que très-difficilement aux efforts qu'on faifoit pour les rompre. Les filamens du chiffon pourri parurent fort altérés dans leur texture naturelle, ils fe féparoient aifément, & fe caffoient au moindre effort fur leur longueur.

4.º Je fis paffer la liffe d'un cartier fur le chiffon leffivé, les fibres réfiftèrent fans s'affaiffer à un certain point, & réagirent contre les frottemens réitérés qu'on leur faifoit fubir; cependant quoique l'impreffion de la liffe fût peu profonde, les chiffons parurent dans tous les endroits que cet inftrument avoit parcourus, d'un blanc velouté & plus ou moins éclatant. Les chiffons pourris m'offrirent un contrafte frappant, ils fe rayèrent facilement, & la liffe y laiffa des traces profondes avec un liffage terne & matte *(b)*.

(b) M. Henri Villarmain, habile Fabricant de papier à Angoulême, inftruit que les Hollandois ne pourriffoient pas, s'eft affuré de même par des expériences faites avec foin, que le pourriffage produifoit fur le chiffon des effets parfaitement femblables. Il choifit plufieurs échantillons des différentes efpèces de chiffons qu'il employoit dans fes moulins, il coupa en deux morceaux chacun de ces échantillons, & en forma deux paquets féparés; l'un des deux fut mis dans un tas de chiffons qui étoit au pourriffoir, & l'autre dans une leffive ordinaire. Les morceaux de chiffons dont étoient compofés les deux paquets étant primitivement les mêmes, ils ne devoient différer, après les pré-

Les pâtes, foit effilochées, foit affinées, que j'obtins par
la trituration du chiffon leffivé & du chiffon pourri, me
donnèrent des réfultats parfaitement femblables à ceux de ces
chiffons avant leur trituration. Ce qui me prouva que la
trituration des maillets n'avoit pas, comme on l'éprouve
quelquefois, produit des changemens fenfibles dans l'état de
la fubftance du chanvre & du lin, dont chacune des efpèces
de chiffon leffivé ou pourri étoit compofée; & que pour lors
toute la différence que je trouverois dans les qualités des
papiers n'auroit d'autre caufe que le pourriffage.

Je découvris encore dans ces pâtes d'autres propriétés, fur
lefquelles je crois devoir infifter.

5.° La pâte du chiffon pourri ayant été imprégnée d'eau
affez abondamment, & comprimée enfuite fous une forte
preffe, cédoit avec la plus grande facilité à l'effort de la preffe,
& fe deffaififfoit promptement de l'eau furabondante, fans
parvenir cependant à un certain état de féchereffe & de
confiftance. La pâte du chiffon non pourri ne perdoit cette eau
que par des progrès infenfibles : les fibres compactes & ferrées
dont elle étoit compofée, fembloient faire obftacle à l'écoulement de l'eau; mais après une compreffion menagée, forte
& foutenue, il reftoit un noyau de pâte qui confervoit
beaucoup moins d'eau, & qui avoit acquis beaucoup plus de
fermeté que le premier. Les molécules de la pâte leffivée,
naturellement plus folides, avoient pris après l'expreffion de

---

parations dont j'ai parlé, que par les
effets du pourriffage : auffi ces effets
s'annoncèrent-ils d'une manière non
équivoque, fur les morceaux du
paquet mis à pourrir. Il me montra
les réfultats de fes expériences, en
1775, les brins de fils de la toile
pourrie fe rompoient très-aifément;
ils avoient pris outre cela une teinte
jaunâtre dont on ne remarquoit
aucune nuance fur les fils de la
même toile fimplement leffivée.

car ceux-ci fe rompoient très-difficilement. Il me fit voir qu'en appuyant l'ongle fur les chiffons pourris, il faifoit une impreffion affez
profonde, mais que la trace en étoit
terne & mate ; les morceaux de
chiffons correfpondans & non pourris réfiftoient à l'effort de l'ongle,
& quoique fon impreffion fût peu
profonde, le liffage qu'elle laiffa fur
les fils étoit d'un brillant vif & net.

l'eau prefque complète une juxta-pofition plus intime entr'elles, que les molécules de la pâte pourrie qui reftoient encore mollaffes & imprégnées d'eau , après avoir éprouvé à peu-près le même effort. La différence de ces effets étoit même fenfible fur ces deux pâtes, lorfqu'on fe bornoit à les com-primer avec les mains pour en faire fortir l'eau.

6.º Je délayai dans l'eau chacune des deux pâtes , & je trouvai que la pâte leffivée s'y tenoit fufpendue en flocons plus liés , plus uniformément diftribués que la pâte pourrie , dont les molécules étoient ifolées & par tampons défunis. Je remarquai même qu'après avoir augmenté l'eau avec laquelle j'avois délayé la pâte non pourrie, elle fe dilatoit à mefure & formoit dans les parties fupérieures du vafe une nappe moins épaiffe, mais continue ; enfin j'éprouvai qu'elle fe précipitoit au fond de l'eau, beaucoup plus lentement que la pâte pourrie. Il me parut, en général, que ces deux pâtes ainfi délayées dans l'eau étoient dans le cas de tous les corps qui flottent au milieu de l'eau, & qui font d'autant plus expofés à gagner le fond qu'ils font plus fufceptibles de fe laiffer pénétrer intérieurement par l'eau. Or, il eft vifible que les pâtes leffivées étant compofées de fibres ferrées & com-pactes, ne fe laiffent pas imbiber d'eau auffi intimément que les pâtes pourries, dont les pores font plus multipliés & plus ouverts. Les premières pâtes annoncent plus de confiftance & plus de reffort dans l'eau : auffi garniffent-elles mieux les parties fupérieures de l'eau où elles flottent, que les pâtes pourries qu'il faut fouvent ramener à la furface de la liqueur.

7.º Des morceaux de pâtes leffivées ayant été féchés pendant long-temps, je m'aperçus qu'en les trempant, foit dans l'eau pure, foit dans la colle, ils abforboient bien plus lentement & en moins grande quantité le fluide dans lequel on les plongeoit, que de femblables morceaux de pâtes pourries foumis en même temps à la même expérience. En conféquence les morceaux de pâtes leffivées augmentoient moins de volume par l'im-bibition de l'eau ou de la colle, que les autres morceaux de pâtes pourries qui fe gonfloient beaucoup & rapidement, dès qu'ilsavoient atteint la liqueur.

Les papiers fabriqués avec ces deux pâtes m'offrirent auffi les mêmes caractères, pour ainfi dire, que j'avois remarqués dans l'examen des chiffons & des pâtes dont ils étoient formés.

8.º Les papiers fabriqués avec du chiffon attendri feulement par les leffives, étoient compofés de fibres plus liées & plus égales que les papiers de pâtes pourries : ceux-ci offroient plus d'afpérités à leur furface, un grain moins uni & moins doux. L'affemblage des molécules de la pâte pourrie paroiffoit formé affez irrégulièrement, & compofer un tiffu peu ferré ; enfin l'étoffe des premiers étoit ferme, folide, tranfparente : celle des feconds, mollaffe, terne, & même chargée de nébulofités locales, qui fembloient être la fuite non-feulement du ton jaunâtre que les chiffons avoient pris dans le pourriffage, mais encore de l'irrégularité de la diftribution de la matière fur la forme ; en forte que là où le grain avoit plus d'afpérités, là étoient auffi fixées les nébulofités locales.

Ces mêmes papiers comparés à la liffe m'offrirent les nuances des mêmes effets, que j'ai détaillés à l'article des chiffons *(n.º 4)*. Une trace légère & brillante fur les uns, une traînée profonde & terne fur les autres, m'autorifent à croire que telle eft la pâte, tel eft le papier.

9.º Lorfque j'appliquois la langue fur les papiers faits de chiffon leffivé, avant qu'ils euffent été collés, la falive ne les pénétroit pas auffi promptement que les papiers des pâtes pourries ; elle s'étendoit auffi moins en fuperficie fur les premiers que fur les feconds ; & dès que l'endroit humecté par la falive étoit fec, il ne reftoit pas à la place un *godage* auffi fenfible fur le papier fait de pâtes leffivées, que fur celui de pâtes pourries. Ces effets conftans me prouvèrent que l'imbibition de la falive plus abondante & plus prompte dans les pâtes pourries, y avoit opéré un dérangement plus confidérable, que dans les molécules des pâtes leffivées qui ne s'en laiffoient pas pénétrer auffi abondamment. Ceci eft

vifiblement

visiblement la suite du gonflement rapide, & de l'augmentation subite de volume, que j'ai remarquée dans l'examen des pâtes pourries, & qui y font plus fenfibles que dans les pâtes provenues du chiffon leffivé.

10.° Ce premier défordre fut fuivi d'un fecond, qui s'annonça par des effets auffi variés dans les deux fortes de papiers. L'endroit du papier qui avoit éprouvé un gonflement & un *godage* plus fort, parut auffi avoir plus perdu de fa tranfparence. On peut conclure de-là que cette tranfparence dépend de l'arrangement régulier des molécules de la pâte, fait à grande eau fur la verjure des formes.

11.° J'effayai d'écrire fur les *pages* du papier de pâtes leffivées, telles qu'on les tire de l'étendoir avant la colle ; l'encre traverfa d'abord affez lentement l'épaiffeur des feuilles & s'étendit beaucoup moins en fuperficie que fur les *pages* des papiers de pâtes pourries : quelques-unes des feuilles de ces derniers, fur-tout dans les Sortes inférieures, dont la pâte étoit un peu graffe, & qui avoient mal pris la colle, parurent *boire* l'encre encore plus promptement que les premiers papiers, quoique non collés.

12.° Ces mêmes phénomènes fe préfentèrent à moi avec des détails encore plus intéreffans pour la théorie de l'art, lorfque je fis quelques effais fur la manière dont les pages prenoient la colle. Je vis qu'elle imbiba très-promptement & intimément les papiers faits de chiffons pourris : que les parties des paquets qui y étoient plongées augmentoient confidérablement en dimenfions : que celles voifines de la furface du liquide, & qu'il mouilloit par l'action des pores capillaires, fe gonfloient auffi fenfiblement : qu'enfin, l'étoffe du papier ainfi pénétrée de colle, avoit fi peu de confiftance, que par la crainte des *caffes,* je fus obligé de ne pas laiffer féjourner long-temps les pages dans le mouilloir.

D'un autre côté, les papiers de pâtes leffivées ne fe laiffoient pénétrer que très-lentement par la colle. Ils augmentèrent auffi fort peu en volume par cette imbibition, qui ne parut pas avoir ramolli à un certain point l'intérieur de

B

l'étoffe. Ainſi, les pages de ces papiers reſtèrent aſſez long-temps plongées dans la colle , ſans qu'elles euſſent perdu leur conſiſtance au point de faire craindre de ſe *caſſer*. Et quoique ces papiers, pendant le long ſéjour qu'ils firent dans la colle, en euſſent moins abſorbé que les premiers, cependant ils furent en général beaucoup mieux collés après la deſſiccation.

Ces mêmes papiers comprimés par la preſſe de la colle, ſe comportèrent ſous cette preſſe de la même manière que je l'ai remarqué à l'occaſion des pâtes humectées d'eau. Les papiers de pâtes pourries, pénétrés intimément & abondamment par la colle , s'en deſſaiſſiſſoient avec facilité , lorſqu'on faiſoit jouer la preſſe un peu de ſuite ; & après avoir cédé à l'effet de cette preſſe , ils ne reprenoient plus leurs premières dimenſions. Les papiers de pâtes non pourries, cédèrent peu à la preſſe , perdirent moins de colle & ſe rétablirent preſque dans leurs dimenſions, à meſure qu'on deſſerroit la preſſe.

13.º Ces papiers, portés à l'étendoir , parurent après la deſſiccation, avoir pris la colle bien différemment. Ceux de pâtes leſſivées plus pures & plus blanches, étoient bien & également collés dans toute leur ſuperficie ; le collage des autres papiers de pâtes pourries, & ſur-tout des qualités inférieures , quoique fait avec la même colle , n'avoit pas réuſſi au même degré.

Je conclus de toutes ces expériences, que la colle, comme l'eau, s'inſinue dans les papiers de pâtes pourries par des pores intérieurs qui l'admettent facilement & qui s'en deſſaiſiſſent de même ; qu'au contraire , les papiers de pâtes leſſivées ou non pourries, ne s'en ſaturent que très-lentement, ne s'en imbibent même que par les pores de la ſurface, la colle formant dans ce cas une eſpèce de glacé & de vernis, réſidant à leur ſurface.

14.º Je terminerai tout ce qui concerne mes expériences de 1767, par une remarque générale, que je crois très-importante. Les papiers des derniers lots, comme les Bulles, les Griſcollés, les Traſſes, fabriqués avec des chiffons leſſivés, étoient beaucoup plus ſupérieurs aux papiers correſpondans, faits de chiffons pourris, que ceux des premiers lots, comme les fins, les moyens des mêmes pâtes leffivées, ne l'emportoient fur les fins & moyens correfpondans, faits de pâtes pourries. La raifon de ces phénomènes eft aifée à faifir, lorfqu'on fait que le pourriffage agit, toutes chofes d'ailleurs égales, beaucoup plus vivement fur les chiffons groffiers que fur les chiffons fins : ainfi, tandis que d'un côté les leffives fubftituées au pourriffage épuroient les chiffons, & confervoient leurs principes dans l'état naturel & primitif ; de l'autre, le pourriffage ayant altéré les pâtes groffières beaucoup plus que les pâtes fines, il a été néceffaire que les papiers fabriqués avec des pâtes plus énervées portaffent l'empreinte de ces funeftes effets.

15.° Je fus confirmé encore dans tous ces réfultats, & dans les principes qui s'en déduifent naturellement, lorfqu'en 1769, après mon retour de Hollande, j'eus décompofé plufieurs efpèces de papiers que j'avois tirés de Saardam, la plupart fans colle, & même de papiers fuperfins, comme le Grand Cornet; j'eus foin d'y joindre auffi de Grandes Sortes, telles que l'Impérial, le Cavalier, les papiers blancs & bleus qui fervent au deffin, ainfi que les papiers à fucre, les papiers à doubler les Vaiffeaux, les papiers de pliages, &c. Ayant délayé dans l'eau, par une longue macération, les pâtes avec lefquelles toutes ces Sortes étoient fabriquées, je répétai avec les produits de ces décompofitions, que l'on doit regarder comme des matières non fufpeétes, les mêmes expériences que j'avois faites en 1767, fur les pâtes attendries par les leffives, & j'eus des réfultats parfaitement femblables. Je trouvai même folidité dans les fibres de ces pâtes, même réfiftance & même éclat fous la liffe, même lenteur à boire l'eau & la colle, même difficulté à s'en deffaifir fous la preffe, même fermeté & même féchereffe après qu'elles eurent foutenu les plus grands efforts de la preffe, &c.

Les papiers de Hollande non collés, m'offrirent auffi, à la colle, fous la liffe, avec la falive, les mêmes phénomènes que j'avois remarqués dans les papiers fabriqués avec des pâtes leſſivées, & les mêmes contraſtes avec les papiers de pâtes pourries que je mis toujours en oppoſition.

Telles ſont les expériences que j'ai exécutées ſur les effets du pourriſſage & ſur les altérations qu'éprouve la pâte pourrie. En ſuivant ces faits, on peut reconnoître les principaux caractères des pâtes & des papiers qui réſultent des deux états extrêmes où ſe trouve le chiffon ; c'eſt-à-dire, de l'état naturel, tel qu'il exiſte dans les pâtes Hollandoiſes & dans le chiffon leſſivé, & de l'état d'altération qui ſuccède au pourriſſage peu ménagé. Dans ces mêmes expériences, les nuances des effets qui ſont dépendans de ces deux états ſe montrent auſſi ſur les papiers, en raiſon du degré de pourriſſage qu'on leur a fait ſubir. Je rappellerai ces réſultats intéreſſans, comme pouvant ſervir d'explication aux phénomènes que je détaillerai par la ſuite lorſque j'expoſerai les procédés particuliers aux deux méthodes de fabrication Hollandoiſe & Françoiſe.

En attendant, je crois devoir joindre au témoignage de l'expérience celui de l'obſervation qui me paroît s'y réunir pour établir les mêmes principes & les mêmes vérités pratiques. Depuis quelques années j'ai obſervé, dans ces vues, les pâtes & les papiers des différentes provinces de France, & malgré l'uſage général où l'on eſt de pourrir, j'y ai remarqué les nuances des effets que l'expérience m'a préſentés. Les papiers de certains cantons, par exemple, n'ont point de conſiſtance & de fermeté ; leur pâte n'offre qu'un tiſſu lâche qui a beaucoup de dureté & de ſéchereſſe, & le ton de couleur qui y domine eſt terne & jaunâtre. J'ai reconnu par moi-même que dans les principaux Ateliers de ces cantons, qui m'avoient fourni les objets de ces obſervations, on ne ménageoit pas le pourriſſage ; & que d'ailleurs, le chiffon qui s'y recueilloit étoit très-ſuſceptible de ſe porter aux degrés extrêmes de la fermentation. C'eſt ſur-tout dans les papiers de Maculatures, dans les papiers Bulles ou Traſſes que les funeſtes effets d'une fermentation forcée ſont plus marqués, parce qu'on n'eſt pas aſſez en garde contre le pourriſſage prompt & rapide des peilles groſſières.

Dans d'autres cantons, au contraire , où l'on fe donne quelques foins pour modérer le pourriffage, & où le chiffon réfifte plus à fes mauvais effets, les papiers qu'on y fabrique font fermes & étoffés à un certain point : ils ont une certaine douceur & une certaine égalité dans le grain , & le ton de leur blanc a de l'éclat & de la netteté.

Ces nuances des effets du pourriffage fur les chiffons , dépendantes de leur conflitution naturelle ou des différens fyflèmes des Fabricans pour le traitement du chiffon au pourriffoir , fe font tellement fentir dans le paffage d'une province à une autre, que les perfonnes les moins attentives font déjà parvenues à diftinguer les chiffons qui conviennent à certaines fortes de papiers & celles qui font propres à d'autres ; & ces qualités font envifagées comme une fuite naturelle des degrés du pourriffage , dont ces peilles font fufceptibles en certaines circonflancess.

On a été plus loin encore, on a reconnu que les chiffons qui viennent des provinces où l'on eft dans l'ufage de faire de fortes leffives, fe trituroient bien après un léger pourriffage & compofoient des papiers de bonne qualité, & fur-tout, fermes & folides; que ces chiffons couloient à l'eau, & éprouvoient même un déchet de foixante pour cent, fi l'on portoit leur pourriffage au degré ordinaire. D'un autre côté on fe garde bien de traiter de même le chiffon des autres provinces, où la méthode de leffiver , totalement différente , paroît dirigée fur un fyflème plus afforti à la confervation du linge ; car fi l'on ménageoit trop le pourriffage de ces chiffons, on éprouveroit les plus grandes difficultés à le triturer, à le fabriquer & à l'apprêter, en un mot, à lui faire fubir toutes les manipulations de la papeterie.

Je puis citer, à l'appui de tous ces faits recueillis par des obfervations très-étendues, les meilleures fabriques de France, celles dont les papiers ont le plus de débit & de réputation, & qui fe font élevées à ce degré de célébrité en pourriffant modérément, ou en employant le chiffon qui s'altéroit le moins au pourriſſoir. Je puis citer auſſi certains moulins où l'on a coutume de pourrir par petits tas, & où les pourriſſoirs ſont mal clos : on y fabrique des papiers dont la fermeté, la douceur, l'égalité du grain, contraſtent ſingulièrement avec les papiers mous, pleins de nébuloſités locales, &c, que fourniſſent d'autres moulins aſſez voiſins où le pourriſſage ſe fait à grands tas & dans des endroits très-bien fermés.

Je fus tellement frappé de cette différence, ſi marquée entre les produits de Manufactures qui travailloient ſur les mêmes matières premières, que je réſolus de conſtater par l'expérience les circonſtances auxquelles je préſumai qu'on devoit attribuer ces différences.

Je mis pourrir à l'air libre pendant l'automne, une partie de chiffon que je diſtribuai par petits tas; je fis placer dans le pourriſſoir ordinaire, bien fermé & bien voûté, une égale partie du même chiffon, dont je formai un ſeul tas. Je gouvernai ces deux parties de chiffon ſuivant la pratique ordinaire. Après le pourriſſage & la trituration, je n'obtins de la ſeconde partie de chiffon pourri, dans un endroit chaud & fermé, qu'un papier mollaſſe & d'un blanc terne: l'autre partie qu'on avoit fait pourrir à l'air libre, me donna un papier qui me ſurprit par ſa blancheur & ſa conſiſtance. D'ailleurs la quantité du produit de cette première partie, fut d'environ un ſeptième plus conſidérable que l'autre produit. Une heure & demie que j'employai de plus pour la trituration de la partie de chiffon pourri à l'air libre, fut le ſeul déſavantage que je trouvai dans ſa fabrication ; je dois cependant obſerver ici, comme une circonſtance eſſentielle au ſuccès de l'expérience faite avec ce dernier chiffon, que le mouvement des machines qui ſervoient à la trituration étoit bien monté, & que les maillets battoient vigoureuſement.

C'eſt ainſi qu'on pourra ménager le pourriſſage, toutes les fois que la bonté des machines pourra ſuppléer à ce qui manqueroit d'ailleurs à l'attendriſſement du chiffon : on ſera ſûr pour lors, ſi l'on évite la graiſſe de la matière, d'être dédommagé amplement, & par la qualité, & par la quantité du papier qu'on obtiendra en fuivant ce fyftème *(c)*.

Je ne dois pas omettre ici un effet du pourriffage que l'ob-fervation conftate chaque jour, & qui chaque jour nous caufe des regrets jufqu'à préfent inutiles : cet effet du pourriffage, eft la perte de la matière du chiffon décompofée en partie par la fermentation ; cette perte eft telle qu'un des principaux avantages qu'on retireroit de la fuppreffion du pourriffage, feroit de parer à un inconvénient que les Hollandois ont évité très-avantageufement pour eux.

En France, on compte ordinairement un tiers de perte fur un quintal de chiffon, c'eft-à-dire, qu'il difparoît pendant la trituration d'un cent pefant de chiffon pourri, trente-quatre ou trente-cinq livres de matière ; & cette eftimation m'a tou-jours paru au-deffous du déchet réel. Je me fuis même affuré par des expériences répétées dans plufieurs Fabriques de France, que ces pertes alloient affez fouvent au-delà de quarante pour cent. En Hollande, on penfe communément que la perte ne paffe guère le quart de la matière ; c'eft-à-dire, qu'elle eft au plus de vingt-cinq livres, fur un cent pefant. Suivant cette efti-mation affez jufte, il paroît certain qu'on perd en France de plus qu'en Hollande, fur un quintal de chiffon, environ quinze livres de pâte propre à fabriquer du papier : on doit fentir en conféquence quelle perte énorme il fe fait en France, fur la totalité de la fabrication du Royaume. En fuppofant qu'une cuve emploie pour fon travail annuel cinquante milliers de chiffon, il réfulte de ce calcul que fa perte monte de dix-fept à vingt milliers : fur quatre cents cuves, la perte eft de deux cents rames par jour, & de foixante mille rames par an.

D'après cette comparaifon, il eft aifé de préfumer quelles altérations doit fubir une matière qu'on expofe à l'action d'un agent qui en décompofe une partie auffi confidérable, & l'on

---

(c) Je n'infifte pas davantage fur cet article important, parce que je m'occuperai dans un autre Mémoire de la trituration & des différentes machines qui l'opèrent.

ne doit pas être furpris que ce qui échappe à cette deftruction, ait des qualités fi oppofées à celles que nous montre la même matière confervée dans fa totalité & dans fon état naturel.

Si je rapproche maintenant tous les réfultats des obfervations que j'ai faites en Hollande & en France, fur les pâtes pourries & non pourries ; tous ceux que j'ai déduits des expériences de 1767 & de 1769, qui atteftent les mêmes vérités, il fera facile de décider quels font les caractères que le pourriffage donne aux pâtes, & quels font ceux qui réfultent de l'état naturel. D'après ces mêmes principes, lorfqu'on compare la pratique fuivie généralement en Hollande, de ne point pourrir, même les chiffons les plus groffiers, avec l'ufage où l'on eft en France de pourrir les chiffons de toutes efpèces ; qu'on mette en parallèle les papiers Hollandois & François, qui proviennent de chiffons triturés dans ces différens états, on reconnoît fans peine que ce qui caractérife effentiellement les pâtes Hollandoifes, eft la confervation de l'état naturel & la fuppreffion du pourriffage : qu'au contraire les pâtes Françoifes font le réfultat de la trituration d'un chiffon dénaturé par la fermentation. Ainfi *pâtes Hollandoifes & pâtes naturelles*, ou *non pourries*, doivent être fynonymes, comme *pâtes Françoifes & pâtes pourries*.

Ces deux caractères diftinctifs étant une fois admis & prouvés, je confidère qu'ils doivent être la fource principale des qualités, comme des défauts des papiers fabriqués par les deux Nations. Je vais plus loin ; je me propofe de montrer, en partant toujours des mêmes principes, que les différens états des matières premières, fur lefquelles l'art de la Papeterie s'exerce en Hollande & en France, ont fervi de fondement au fyftème particulier de fabrication que les Papetiers des deux Nations ont adopté, fuivant qu'ils employoient pour bafe de leur travail une *pâte naturelle*, ou bien une *pâte pourrie*.

ARTICLE

ARTICLE SECOND.

Phénomènes des Pâtes pourries & non pourries, dans la fabrication du Papier & dans ses apprêts.

FABRICATION.

Travail de l'Ouvrier.

LORSQUE j'eus reconnu l'état du chiffon que les Hollandois soumettoient à la trituration de leurs cylindres, & la nature des pâtes qu'ils employoient dans leur fabrication ; le travail de la cuve fixa principalement mon attention. Je vis d'abord que la pâte non pourrie flottoit abondamment à la surface & dans les parties supérieures de cette cuve, & qu'elle y nageoit par flocons liés & distribués uniformément. L'Ouvrier ne me parut pas, dans l'intervalle des porses, aussi occupé qu'en France à soutenir la pâte vers la superficie ; il comptoit tellement sur la facilité avec laquelle cette pâte restoit suspendue dans l'eau, qu'il laissoit même *fournir* la cuve de nouvelle pâte avant qu'il eût fini la porse.

D'un autre côté, cet Ouvrier plongeoit sa forme à une petite profondeur & ramenoit sur la toile une quantité de matière suffisante pour la couvrir & remplir le cadre qui régloit l'épaisseur des feuilles.

Ces premières observations me frappèrent d'abord d'autant plus que j'avois vu en France l'Ouvrier après chaque porse, faire remonter très-exactement à la superficie de la cuve les pâtes pourries qui gagnoient le fond, & puiser assez profondément dans la cuve, quoiqu'elle fût assez fournie de pâte. Mais ma surprise augmenta lorsque je me fus assuré 1.° que les Hollandois travailloient à grande eau, c'est-à-dire que dans une quantité donnée d'eau que pouvoit contenir *la cuve à ouvrer,* ils délayoient beaucoup moins de pâte que nous ; 2.° que les papiers qui provenoient de ce travail étoient plus étoffés que les nôtres ; 3.° qu'enfin les *cadres* ou *couvertes* n'avoient pas l'épaiſſeur que ſembloient exiger toutes ces circonſtances.

Après une obſervation ſuivie & conſtante de ces phéno-mènes, je fus naturellement porté à croire qu'ils n'avoient d'autres principes que la nature des pâtes non pourries, & qu'on ne pouvoit en trouver le dénouement que par la connoiſſance des propriétés de ces pâtes.

Ainſi lorſque je me rappelai comment les pâtes leſſivées ou non pourries s'étoient comportées avec l'eau dans les expé-riences précédentes, je n'eus plus de difficulté à ce ſujet ; je fus même en état de donner une explication de tous ces effets aſſez préciſe & aſſez lumineuſe pour éclairer la pratique.

En conſidérant que les pâtes non pourries ſont compoſées, comme nous l'avons vu ci-deſſus (n.º 5), de molécules ſerrées & compactes qui ne ſe laiſſent pas pénétrer intimément par l'eau, on n'eſt pas ſurpris qu'elles y flottent abondamment & très-long-temps ſans gagner le fond ; d'ailleurs ces mêmes pâtes conſervant dans l'eau (n.º 6) beaucoup de reſſort & de ſolidité, ſont imbibées ſans être proprement gonflées par l'eau : elles doivent donc s'y ſoutenir en flocons liés & non interrompus, & garnir la cuve de manière qu'étant enſuite arrangées régulièrement ſur la forme, elles y éprouvent, à meſure qu'elles prennent une certaine conſiſtance dans le cadre, une moindre retraite que les pâtes pourries. Celles-ci au contraire reſtent moins aiſément ſuſpendues dans l'eau & ſe précipitent plus promptement au fond de la cuve (n.º 6), parce qu'elles ſont pénétrées plus intimément par l'eau ; au ſurplus les fibres de ces pâtes, ſpongieuſes & gonflées par le liquide, acquièrent, en conſéquence de cette imbibition intérieure, un volume conſidérable, qu'elles ne peuvent conſerver après l'écoulement de l'eau : ainſi quoique dans nos fabriques la cuve ſoit plus garnie de pâte qu'en Hollande, quoique les cadres ſoient à peu-près de la même épaiſſeur, il ne réſulte ſouvent de toutes ces attentions qu'un papier mince, peu ſolide & peu étoffé, tant la pâte pourrie diminue ſur l'épaiſſeur des feuilles ; & cet appauvriſſement de l'étoffe, fait encore des progrès dans toutes les opérations qui viennent à la ſuite.

La propriété *(n.° 5)* qu'a la pâte non pourrie, de retenir l'eau, & de ne pas lui laiſſer un paſſage libre à travers ſes fibres ſerrées & compactes, eſt ſur-tout remarquable lorſque l'ouvrier Hollandois a puiſé dans la cuve la matière dont il compoſe chaque feuille de papier ; on le voit balancer très-long-temps & en tous ſens la forme, pour faciliter l'écoulement de l'eau ſurabondante, juſqu'à ce que la pâte perde toute ſa mobilité, s'affaiſſe ſur la verjure, & devienne une étoffe d'une certaine conſiſtance. Cependant, quoiqu'il emploie des manœuvres fort longues, il ne parvient pas à faire égoutter toute l'eau ſurperflue, à travers la feuille nouvellement ébauchée, ſi peu épaiſſe qu'elle ſoit : il s'en amaſſe une partie qui flotte à la ſuperficie de cette feuille, & il eſt obligé de la jeter en avant & à différentes repriſes par-deſſus la couverte, ne pouvant s'en débarraſſer autrement.

Les pâtes pourries qu'on travaille en France, abandonnant l'eau très-promptement, & lui livrant paſſage par une infinité de pores ouverts ; l'ouvrier François eſt obligé de ſe prêter à ce caractère ; il ſe hâte donc d'égaliſer la matière ſur la toile de la forme, à meſure qu'elle s'y précipite, & de faire paſſer auſſitôt cette forme au coucheur. Son travail eſt tellement bruſqué, qu'il lève douze fois la forme pendant le temps qu'on ne la lève que quatre à cinq fois en Hollande.

On a déjà dit, que les Hollandois formoient moins vîte que nous, mais il s'en faut bien qu'on ait connu tous les détails de leur travail, & qu'on en ait attribué la différence à la nature de leurs pâtes. On allègue, au contraire, l'influence du bas prix de l'intérêt de l'argent chez eux, leurs ſoins & leurs attentions ſcrupuleuſes dans toutes leurs manufactures. Cependant, lorſqu'on a étudié les Arts en Hollande, & qu'on a pu voir & ſuivre la variété & la perfection de leurs machines, on eſt convaincu que ce qu'ils ménagent le plus, c'eſt le temps. On doit donc attribuer à l'impoſſibilité de travailler plus vîte, la lenteur des opérations de leurs Ouvriers ;

ils favent d'ailleurs que ceux qui hâtent un peu trop leurs manœuvres, comme j'en ai vu quelques-uns même à Sardam, ne fabriquent que des papiers nébuleux, remplis de clairs & d'ombres irrégulièrement parfemés.

Il réfulte de-là, que l'ouvrier François, le plus habile, accoutumé à former promptement, ainfi que l'exige le caractère des pâtes pourries, ne peut fe monter de lui-même à travailler fur les pâtes non pourries qui demandent d'être égouttées & affemblées très-lentement fur la forme; il fera donc obligé de faire une certaine étude de toutes les manœuvres longues & des lices des Hollandois, avant de les imiter. On doit fentir auffi, que, réciproquement, les ouvriers Hollandois ne font pas plus en état de manier d'abord nos pâtes pourries, puifqu'il faut les égalifer auffi rapidement qu'elles fe précipitent fur la verjure.

Le défavantage de la lenteur du travail des ouvriers Hollandóis, a été réparé, autant qu'il étoit poffible, par cette Nation induftrieufe; car elle a trouvé le moyen de fabriquer par une feule levée de forme deux feuilles des petites Sortes, en divifant le cadre en deux formats. Comme ces petites Sortes font d'une grande confommation, leur fabrication occupe un grand nombre des moulins de Sardam & des environs. Au moyen de cette reffource, les ouvriers Hollandois, qui fabriqueroient dans un jour beaucoup moins que la moitié des porfes que nos Ouvriers fabriquent, font prefque parvenus à nous atteindre.

Mais pour fabriquer deux feuilles de papier fur la même forme, avec un cadre double, il faut que l'ouvrier exécute des mouvemens bien différens de ceux qu'il donne à fa forme lorfqu'il fabrique une feule feuille, quelle que foit fon étendue. Il eft néceffaire d'abord que la pâte foit délayée à grande eau, afin qu'elle puiffe, au moyen d'un véhicule abondant, fe diftribuer uniformément dans les deux portions du cadre; enfuite, il faut que l'ouvrier puiffe égalifer fa pâte par de petits balancemens long-temps foutenus, pour que les bordures de chaque feuille en foient bien régulièrement garnies. Or, ce double travail ne devient poſſible aux ouvriers Hollandois qu'avec une pâte qui abandonnant l'eau difficile-ment, reſte aſſez long-temps mobile ſur la forme pour lui permettre d'exécuter toutes les manœuvres néceſſaires au ſuccès de cette opération délicate.

En France, la célérité des opérations de l'ouvrier ne lui a pas permis d'embraſſer tant d'objets à la fois. Ainſi, lorſque nous fabriquons deux feuilles en même temps, ce qui arrive rarement, elles ne ſont pas ſéparées dans le cadre : nous nous bornons à *ouvrer* pour lors une feuille d'un format double de la feuille ſimple ; nous lui donnons tous ſes apprêts ſous ce format, ce qui en rend la fabrication longue & pénible. Enſuite nous ſéparons les feuilles avec des ciſeaux. J'ai vu fabriquer de cette manière du Petit Lys, du Petit Cornet, &c. Les Hollandois fabriquent à double cadre le Petit Lys, la Fleur-de-Lys, le petit Cornet, le *Pro-Patriâ*, le Griffon, la Tellière, le papier aux Armes d'Amſterdam, la Petite Cou-ronne, le Moyen Cornet, & tous les formats qui approchent de ces ſortes.

L'arrangement & la diſpoſition régulières que prennent les filamens des pâtes non pourries en s'affaiſſant très-lentement ſur la verjure de la forme, donnent aux papiers de Hollande des qualités très-eſtimables. La première eſt d'être clairs & d'une certaine tranſparence lorſqu'on les regarde contre le jour : on y voit en même-temps les impreſſions de la verjure nettes, ſuivies & bien prononcées. La ſeconde eſt de montrer à leur ſuperficie un grain uniforme & très-ſuſceptible de s'adoucir encore par l'effet de l'échange.

Nos pâtes pourries, au contraire, nous donnent des réſultats bien différens : comme elles préſentent une infinité d'iſſues à l'eau qui les traverſe en tous ſens, il eſt néceſſaire que cette eau entraînant les molécules des pâtes, y cauſe un dérange-ment plus ou moins marqué : ce premier déſordre eſt encore augmenté par les opérations bruſquées de l'ouvrier, en conſé-quence deſquelles ces molécules s'arrangent peu régulièrement ſur la toile des formes, & s'y précipitent même par flocons

& par petites maffes ifolées. C'eft à ces circonftances qu'il faut attribuer certains défauts de nos papiers, tels que les nébulofités locales qui interrompent la continuité apparente des impreffions de la verjure, & ce grain plein d'afpérités qu'on ne peut adoucir que très-difficilement par l'échange.

Si l'on fuit les autres parties de la fabrication du papier, on trouvera que le caractère des deux fortes de pâtes que j'ai diftinguées, s'y fait remarquer auffi conftamment que dans les opérations qui précèdent. Je m'attacherai d'abord au travail des matières à grande eau, dont je développerai les avantages & les inconvéniens, non-feulement relativement aux principes de la fabrication en général, mais encore relativement aux qualités des pâtes dont je m'occupe.

Travail des pâtes à grande eau.

Les Hollandois, ainfi que je l'ai déjà remarqué ci-devant, travaillent leurs pâtes à grande eau. Cet ufage eft une des meilleures reffources que nous ayons pour bien *former* avec toutes fortes de pâtes ; car au moyen d'un véhicule abondant, toutes fortes de pâtes ont la faculté de fe diftribuer plus régulièrement fur la forme, & de prendre par conféquent un grain plus uni & plus fufceptible d'être adouci par les apprêts. Mais ces avantages inconteftables font compenfés par des inconvéniens très-grands lorfqu'on emploie des pâtes pourries.

1.° Comme ces pâtes fe précipitent très-promptement fur la forme, l'eau abondante qui traverfe aifément la matière affemblée fur cette forme, quoique d'une certaine épaiffeur, entraîne dans les intervalles des fils de la verjure une très-grande quantité de pâte. Le coucheur qui reçoit la forme ainfi chargée d'ouvrage, & qui eft obligé de dégager ces parties faillantes compofées de molécules peu liées d'ailleurs entr'elles, fe trouve expofé à les arracher, à écorcher la feuille qu'il couche fur le feutre, & à détruire une partie du grain.

2.° La pâte pourrie, travaillée à grande eau, s'attache affez fortement aux feutres, & s'engage alors dans les poils du lainage, de manière que le leveur ne peut en détacher les

(25)

feuilles qu'avec peine : ce qui alonge son ouvrage & multiplie les *casses*.

La considération de ces inconvéniens paroît avoir déterminé le plus grand nombre des Fabricans François à diminuer l'eau dans laquelle ils délaient leur pâte lors de l'affinage, & à les travailler à moyenne eau. Mais, comme dans ce cas, les pâtes font peu de temps mobiles fur la forme, faute d'eau fuffifante pour les foutenir, elles s'accumulent ordinairement par les derniers balancemens de l'ouvrier, le long des tiffus du menu-cordion qu'elles ne peuvent franchir. Il réfulte de cette manœuvre imparfaite deux défauts de fabrication ; 1.° que les ombres des pontufeaux font plus épaiffes ; 2.° que les afpérités du grain font plus marquées là qu'ailleurs.

Il eft aifé de fentir que les fuites du travail à grande eau ne font pas défavorables à la fabrication des pâtes naturelles. Premièrement, ces pâtes s'affaiffent très-lentement fur la forme, & en conféquence de leur fermeté naturelle, s'infinuent moins profondément entre les fils de la verjure. D'ailleurs, l'eau ne pouvant facilement traverfer la matière amaffée fur la toile de la forme, n'entraîne dans les intervalles des fils de cette toile que la quantité de pâte néceffaire pour former un beau grain. Ce ne font pas au refte les feuls avantages que les Hollandois retirent du travail à grande eau ; car j'ai vu chez eux l'ouvrage long-temps mobile fur la forme, flotter, au moyen du véhicule abondant, par-deffus les tiffus du menu-cordion, s'égalifer plus parfaitement fur la forme, & fe diftribuer de manière que les ombres des pontufeaux y étoient fort affoiblies & qu'il ne s'y montroit fur ces lignes aucune fuite d'afpérités fenfibles. Il n'eft donc pas étonnant que les Hollandois aient adopté l'ufage de travailler à grande eau, puifqu'il eft fi fort convenable aux pâtes qu'ils emploient.

Preffes.

C'eft fur-tout par l'effet des preffes, que les Hollandois ont diftingué leur fabrication de la nôtre, & ont montré plus évidemment le caractère de leurs pâtes. Après avoir fuivi ces pâtes dans les différens procédés de l'art, ils reconnurent qu'elles ne fe deffaiffifoient que très-lentement de l'eau furabondante, & qu'en ne préfentant à cette eau qu'un paffage difficile à travers leurs fibres ferrées & compactes, elles ne pouvoient la dégorger qu'avec des efforts confidérables. Ils ont donc fenti d'abord la néceffité d'employer de fortes preffes pour fécher l'étoffe de leurs papiers; & dans le projet de vaincre les difficultés que la pâte oppofoit à cet effet, ils fe font attachés à perfectionner ces machines : un premier fuccès les a conduits à un fecond , que je regarde comme un des plus beaux procédés de leur méthode. Cette même pâte en oppofant la roideur de fes fibres, & fon reffort naturel à l'action des preffes, l'a tellement foutenue, qu'après avoir abandonné fon eau fuperflue, elle eft parvenue par le progrès d'une compreffion vigoureufe, à l'état d'une étoffe ferme & sèche, qui pouvoit fe prêter facilement enfuite à toutes les manipulations fubféquentes de la Papeterie.

Dans cette opération, les molécules de la pâte qui formoient le plus grand obftacle à la fortie de l'eau, à mefure qu'elles s'en debarraffoient fe font fervies réciproquement de points d'appui, & fe font feutrées les unes fur les autres, en prenant une juxtapofition qui s'affermiffoit en raifon de la folidité des fibres & de l'effort de la preffe. Ces mêmes effets fe font perfectionnés & complétés d'une manière étonnante, après que l'étoffe a été preffée en porfes blanches & qu'elle a paffé fous les preffes de l'échange. L'échange lui-même, pour le dire en paffant, ne paroît s'être introduit dans les Ateliers Hollandois, que par une fuite de ces manipulations & de ces vues.

Nos pâtes pourries fe font comportées bien autrement fous la preffe. Comme les filamens dont elles font compofées ont perdu par le pourriffage une grande partie de leur reffort & de leur liaifon naturelle, ces pâtes ont cédé au moindre effort de la preffe, & l'eau trouvant par tous leurs pores entr'ouverts des iffues perméables s'eft écoulée très-abondamment; mais il n'eft pas réfulté de ces opérations faciles, une étoffe folide & sèche. Les dernières molécules de l'eau difféminées dans les

pores

pores multipliés & intérieurs de la pâte, ne trouvant pas de points d'appui fuffifans qui en favorifaffent l'évacuation y font reftées opiniâtrement ; & l'étoffe du papier eft fortie mollaffe de deffous la preffe. Bien plus, les fibres de la pâte encore pénétrées d'eau, n'ayant point acquis une certaine union entr'elles, fe font trouvées adhérentes aux feutres & embarraffées dans les poils de la laine ; & cette adhérence a été un furcroît de travail pour le Leveur, qui fentoit d'ailleurs affez la difficulté de tranfporter fur fa felle une étoffe fans fermeté & fans confiftance. Fort fouvent, cette adhérence a paru augmenter par les moyens qui fembloient devoir la faire ceffer ; fur-tout lorfque la pâte a été trop énervée par le pourriffage. Cependant on a commencé à établir en France de fortes preffes, même à la cuve, dans la vue de donner aux feuilles de papier, que le Leveur doit tirer des feutres, une confiftance qui facilitât fes opérations. Ces attentions ont réuffi quelquefois, il eft vrai, lorfque par hafard on a *négligé* de pourrir ; ainfi l'on voit que ces fuccès ne tiennent pas encore chez nous à une méthode réfléchie & raifonnée.

Opérations du Leveur.

Le bon effet des fortes preffes, dont je viens de développer les caufes & les progrès fur les pâtes non pourries, a rendu le travail du Leveur en Hollande d'une aifance & d'une célérité qui étonnent ; auffi en charge-t-on les petits Apprentis. La facilité de manier une étoffe qui a pris de la fermeté, même fous la première preffe, & qui ne conferve que peu d'adhérence aux feutres, a fait introduire la méthode de lever à felle plate ; le Leveur pour placer devant lui fur cette felle la fuite des feuilles qu'il tire des feutres, fait des mouvemens qu'il ne pourroit exécuter fi ces feuilles ne lui obéiffoient pas facilement, & ne fe prêtoient pas très-bien à la fituation horizontale qu'il leur donne. Il fuffit fouvent feul pour lever tout ce que fabrique l'Ouvrier, qui travaille à cadre double des Sortes de petits formats.

Lorfqu'on fuit avec attention les opérations du Leveur en

Hollande, on reconnoît aifément que chacune des feuilles engagées dans les feutres, forme en cet état une étoffe·folide & sèche ; car le Leveur en foulevant fa *porfe-feutre* par un coin, fait voir chaque feuille parfaitement ifolée entre chaque feutre entr'ouvert. Certains Leveurs fe plaifent même à chiffonner entre leurs mains quelques-unes de ces feuilles, fans ménagement & fans crainte de les déchirer ; ils les développent enfuite & les étendent fur les autres, fans qu'elles confervent l'impreffion d'aucuns plis : ces effets font encore bien plus fenfibles, lorfque le papier a paffé de nouveau fous la preffe en porfes blanches, & encore mieux lorfque l'on relève une feconde fois pour l'*échange*.

Si nous revenons dans nos Ateliers, nous trouverons des manœuvres bien différentes ; j'ai déjà obfervé ci-deffus, à l'article des preffes, que les feuilles de papier fabriquées comme celles de France, avec des pâtes pourries, confervoient au fortir de la preffe un refte de molleffe & d'humidité qui les colloient fouvent aux feutres. Lorfqu'on a reconnu toutes ces circonftances du travail des pâtes pourries, on fent aifément, 1.º pourquoi les Leveurs qui font chargés de manipuler une étoffe fi peu ferme, font choifis parmi les plus habiles Ouvriers ; 2.º pourquoi ils ont été obligés de lever à felle prefque verticale, puifqu'ils peuvent plus aifément placer les feuilles dans cette fituation qu'ils leur ont donnée en les détachant des feutres ; 3.º pourquoi les feuilles de papier de pâtes pourries, ou fe caffent, ou bien s'élargiffent & s'alongent par l'effort que le Leveur fait pour les détacher des feutres, & confervent même affez fouvent l'impreffion de fes doigts.

Avec des pâtes naturelles les feuilles compofées de fibres bien liées, non-feulement fe lèvent fort rapidement, comme nous l'avons fait remarquer, mais encore elles n'éprouvent aucun effort qui leur faffe perdre la régularité de leurs dimenfions. C'eft pour cela que les rames des papiers qu'on tire de Hollande, font compofées de feuilles d'un format très-exact, & terminé par des bordures parallèles. Qu'on développe des rames de papier de France, & qu'on en compare les mains à cette régularité, on trouvera que les feuilles font prefque toutes plus larges à une extrémité qu'à l'autre, & qu'elles débordent fur-tout par les coins que le Leveur a faifis pour les enlever.

De la chaleur qu'on entretient dans l'eau de la Cuve.

Il ne me refte plus, pour achever ce que je me propofois de dire fur la fabrication des Hollandois, qu'à parler de deux objets qui fervent encore à caractérifer leur méthode d'opérer comme leurs pâtes ; le premier eft la température qu'on donne à l'eau de la *cuve à ouvrer ;* & le fecond eft l'état des bordures des feuilles de papier.

On fait que les Fabricans François entretiennent en tous temps, même en été, par le moyen d'un fourneau, une chaleur douce dans l'eau de leur cuve : en Hollande & en Flandre on ne chauffe la cuve que pendant l'hiver ; une conduite auffi oppofée m'a fait foupçonner que l'ufage de chauffer la cuve eft une de ces reffources que l'induftrie génée avec les pâtes pourries, a imaginées pour éviter les inconvéniens particuliers à l'emploi de ces pâtes ; inconvéniens que les pâtes non pourries n'avoient pas préfentés. Les recherches que j'ai faites dans ces vues, m'ont convaincu que mon premier foupçon n'étoit pas fans fondement. J'ai reconnu, & par ma propre expérience, & par le témoignage des Ouvriers habiles, que le principal avantage qui réfultoit de la pratique de chauffer la cuve en France, étoit d'obtenir les feuilles de papier dans les porfes - feutres, & plus sèches, & moins adhérentes aux feutres : effectivement, par une fuite de l'évaporation fenfible de l'eau, les feuilles des porfes fe font préfentées conftamment à moi dans ces deux états ; & l'adhérence & l'extrême molleffe de ces mêmes feuilles ont reparu dès qu'on ralentiffoit ou qu'on fupprimoit l'évaporation de l'eau & le feu. Auffi les Leveurs font-ils très-attentifs à entretenir cette chaleur de la cuve, comme un moyen de manier plus aifément une étoffe qui refte encore fi mollaffe après la preffe. Mais en confidérant la confiftance que prennent, dans les moulins Hollandois, les feuilles de pâtes non pourries au fortir de la première preffe, le Leveur Hollandois n'a plus le même intérêt qu'en France : on a donc eu raifon de fupprimer, la plus grande partie de l'année, une dépenfe & des foins qui font totalement inutiles.

On croit communément en France, qu'une chaleur douce répandue dans la cuve accélère l'écoulement de l'eau furabondante lorfqu'on égalife la pâte fur la forme : fi ce fentiment eft fondé, il femble qu'on auroit dû fupprimer la pratique de chauffer en France, puifque les pâtes pourries abandonnent leur eau fi promptement qu'on a peine à les diftribuer régulièrement fur la toile des formes, & l'introduire au contraire en Hollande, puifque les pâtes Hollandoifes non pourries fe deffaififfent fi difficilement de leur eau.

Une pratique générale contraire à cette prétention, femble nous ramener à penfer que l'entretien ou la fuppreffion de la chaleur dans la cuve a été dirigée principalement d'après les vues que j'ai indiquées ci-deffus & qui fe déduifent des caractères connus des deux pâtes Françoifes & Hollandoifes.

Je ne puis omettre cependant deux obfervations que j'ai eu lieu de faire fouvent dans les moulins, & defquelles il femble réfulter que la chaleur accélère la précipitation de la pâte fur la forme. Si les pâtes font un peu *vertes* & un peu graffes, elles fe travaillent plus aifément lorfqu'on chauffe la cuve à un certain point ; on parvient à rendre par-là l'ouvrage moins long-temps mobile fur la forme : il eft vrai qu'on ne peut pas raifonner fur ces pâtes comme fur les pâtes pourries pures, car il eft à préfumer qu'elles peuvent, par le mélange de la graiffe, avoir acquis des qualités différentes de celles dont je m'occupe ; mais le fait fuivant ne laiffera plus aucun doute à ce fujet. J'ai vu quelquefois l'Ouvrier fe plaindre de ce que la cuve étoit trop chaude, ce qu'il reconnoiffoit à la manière dont il *envergeoit;* dans ce cas, il ne pouvoit exécuter tous les mouvemens néceffaires pour diftribuer la matière fur la forme avant la précipitation de cette matière, que la chaleur trop grande rendoit encore plus prompte qu'à l'ordinaire.

Si nous admettons la conséquence qui résulte de ces observations, elle nous donnera lieu de faire deux réflexions utiles : la première, que l'ouvrier François accoutumé à se hâter, s'est appliqué encore à écarter tout ce qui s'opposoit à la célérité de son travail ; la seconde, que l'ouvrier Hollandois façonné à la lenteur de ses manœuvres, n'a pas tenu compte de ce qui pouvoit les abréger.

Des bordures du Papier.

La netteté des bordures qu'on remarque dans tous les papiers de Hollande, est encore une suite de l'état des pâtes non pourries, & sur-tout de la consistance qu'elles prennent sur la verjure en conséquence seulement des balancemens de l'Ouvrier. Lorsque l'Ouvrier lève le *cadre* ou la *couverte*, la pâte des bords de la feuille coupée régulièrement & en lignes droites, paroît se soutenir tout autour, précisément comme le cadre l'avoit moulée. Le transport de la forme qui se fait de l'Ouvrier au Coucheur, n'altère aucunement cette disposition de la pâte le long des bords, & quand la feuille est ensuite appliquée par le Coucheur sur le feutre, cette bordure quoique diminuée d'épaisseur ne paroît pas avoir été écrasée de manière à éprouver le moindre dérangement sous la presse.

Il est vrai que les formes plates dont on se sert en Hollande, & la manière dont on couche, contribuent aussi à préserver les bordures d'éboulement & d'écorchures ; mais c'est encore la nature de la pâte qui a permis cette manière d'opérer : elle entraîne aussi certaines précautions qu'on néglige assez ordinairement en France. Le Coucheur Hollandois a soin d'entretenir les bords des feutres au même niveau à peu-près que le milieu, soit en repliant les extrémités des feutres plus longs & plus larges, soit en y ajoutant des bandes de feutres destinées à cet usage. Ainsi il ne suffit pas qu'il reçoive les bordures des feuilles en bon état de la main de l'Ouvrier, il se croit chargé de veiller, avec la plus grande attention, à ce qu'elles soient conservées sans aucun dérangement.

En France, au contraire, la vîtesse de notre travail & la

nature de nos pâtes toujours mollaſſes & pénétrées d'eau , occaſionnent aſſez ordinairement des déplacemens & des éboulemens conſidérables dans le contour des feuilles. Dès que l'Ouvrier lève le cadre, une partie de l'eau ſurabondante qui ſéjournoit encore le long des bords s'écoule bruſquement & entraîne la pâte liquide qui s'éboule par des bavures plus ou moins longues. Le Coucheur, par la manière dont il couche ſa forme arrondie , appuyant un peu obliquement ſur ces bordures, les étend encore davantage , écorche même les parties voiſines qui n'ont pas une certaine conſiſtance; enfin la preſſe fixe l'état de ces bordures baveuſes compoſées d'une matière qui, n'ayant point d'arrangement régulier comme les autres parties de la feuille, eſt brute & ſans tranſparence: cette matière ne pouvant former une étoffe qui ſoit d'aucun uſage , il en réſulte que de telles bordures appauvriſſent les feuilles, non-ſeulement en les ſurchargeant, mais encore en altérant leurs dimenſions, lorſque pour cacher ces défectuoſités on eſt obligé de les ébarber.

Je pourrois encore faire mention ici de la différente peſanteur des papiers , fabriqués avec les pâtes pourries & non pourries, & conſidérés relativement à leur épaiſſeur apparente dans le même format; ces détails ſeroient encore propres à caractériſer les pâtes , mais comme ils ne ſont liés à aucun procédé de fabrication intéreſſant, je les ſupprime & je paſſe aux apprêts.

D E S A P P R Ê T S.

De l'échange en porſes blanches.

Dans mon premier Mémoire, où j'ai décrit les diverſes manipulations de l'échange (d), & où je l'ai préſenté comme un procédé particulier aux Hollandois, il ne m'a pas été poſſible d'indiquer en même temps toutes les circonſtances qui contribuoient au ſuccès de cette opération importante

---

(d) Je renvoie pour ces détails à mon premier Mémoire.

(33)

& délicate. Il auroit fallu montrer fa liaifon avec les opérations qui précédoient , & par conféquent embraffer les
principaux détails de la Méthode Hollandoife, quant à la
fabrication, comme je l'ai fait dans ce fecond Mémoire. Au
moyen des détails dans lefquels je fuis entré, & des principes
que j'ai déduits des faits comparés, je crois avoir développé
tout ce qui peut préparer le Fabricant à faifir le but & l'utilité
de l'échange, ainfi que les circonftances de fon application;
car l'échange & fon application ne font proprement qu'un
corollaire de toute la doctrine expofée dans ce Mémoire.

Il fera facile de rappeler ces principes, en rapprochant les
faits qui y conduifent. La pâte non pourrie, comme on a
vu ci-deffus, ne livre que très-difficilement paffage à l'eau;
il a donc fallu l'en dépouiller avec foin en la foumettant
plufieurs fois fucceffivement à l'action de la preffe & à celle
de l'air. Cette première vue n'a pu être remplie que l'on
n'opérât en même temps l'adouciffement de la furface du
papier; car les fibres de la pâte fermes & élaftiques fe font
rapprochées & couchées les unes fur les autres, à mefure
que l'eau interpofée cédoit à la compreffion vigoureufe de
la preffe. Il eft vifible que tous ces effets font la fuite de la
confervation des principes du chiffon dans leur état naturel,
& du reffort des fibres qui les faifant réagir contre la preffe
produit en même temps l'évacuation de l'eau. C'eft avec
ces conditions qu'une feuille de papier fabriqué de pâtes
naturelles, montre déjà au fortir des feutres affez de confiftance pour être *levée* facilement : qu'après la preffe en porfes
blanches, elle eft encore plus folide & plus sèche, & qu'à
la fuite des *relevés* & des *preffages* qui forment proprement
l'échange, elle devient une étoffe feutrée & très-adoucie à
fa furface.

Confidéré fous ce point de vue, l'*échange* fe place naturellement à la fuite des travaux de la cuve, & en eft une
extenfion & une répétition; il fe divife en deux opérations
qui s'entr'aident : la première eft le *relevé* qui détruit les
mauvais effets du contact & de l'adhérence des feuilles,

entr'elles , change & affoiblit les inégalités refpectives que cette adhérence auroit pu former à la fuperficie de deux feuilles contiguës : on voit, par ces détails, que toutes ces opérations fuppofent une première étoffe qui foit capable de fe prêter aux déplacemens & aux changemens de fituation qu'elles exigent.

La feconde opération de l'échange eft l'emploi des preffes qui produit trois effets bien fenfibles, prefque en même temps. Le premier confifte à procurer l'évacuation de l'eau qui refte encore dans les feuilles de papier : enfuite , à mefure que l'eau s'échappe & fe dégage du milieu des fibres ferrées & compactes, ces fibres s'affaiffent les unes fur les autres par l'écoulement de cette eau interpofée entr'elles. Plus les fibres font naturellement folides, plus la juxta-pofition eft exacte, plus la réaction de la furface des feuilles contre chacune des furfaces contiguës & contre la preffe, eft forte. C'eft alors que la furface de ces feuilles s'adoucit ; que les afpérités & les parties un peu faillantes s'émouffent ; qu'un grain doux & égal fuccède à un grain plus gros, plus rude & plus inégal : enfin, que la totalité de la fuperficie des feuilles acquiert un ton moelleux & velouté qui convient fi bien aux différens ufages auxquels ces papiers font deftinés.

Il eft aifé de voir que le fuccès de tous ces procédés exige que la première étoffe du papier, foit, comme je l'ai déjà dit, compofée de parties tellement liées entr'elles, qu'elles aient pu fupporter , fans adhérer aux feutres, l'effort des preffes & fe foient féchées même à un certain point fous cet effort : une étoffe, qui en conféquence du bon effet de la première preffe, fe lève facilement, & qui, feutrée enfuite à un certain point par l'effet de la feconde preffe, fe relève plus facilement encore : enfin, une étoffe , qui par la roideur de fes fibres, réagiffe très-vivement contre l'effort des preffes, tant pour procurer l'écoulement de l'eau que pour acquérir l'adouciffement de fa furface. Or nous avons vu que ces qualités étoient particulières aux pâtes non pourries, ou qui n'étoient que foiblement pourries. L'échange réuffira donc

d'autant

d'autant moins , tant pour fes effets que pour la facilité de
fon exécution, qu'on travaillera fur des pâtes plus énervées
par le pourriffage. On doit fentir maintenant quelles font les
caufes des difficultés qu'ont éprouvées certains Fabricans de
France, qui ont échoué dans l'application des manipulations
de l'échange, telles que les préfente mon premier Mémoire,
& quelles font les caufes des demi-fuccès qu'ont eus d'autres
Fabricans. Il eft facile de voir qu'il n'étoit pas poffible,
avec une pâte qui a perdu fa fermeté & fon reffort dans le
pourriffage, & qui ne peut fe fécher, à un certain point,
fous l'effort des preffes, d'exécuter les procédés de l'échange,
fans avoir beaucoup de caffés : on a dû trouver les mêmes
difficultés pour adoucir, par la preffe, le grain d'une étoffe
mollaffe & fans confiftance. Ce n'eft pas cependant que les
papiers de pâtes pourries n'aient le plus grand befoin d'é-
prouver les bons effets de l'échange ; car nous avons vu que
la difpofition affez irrégulière de ces pâtes, lors de l'*enverjure*,
produifoit à la fuperficie des papiers une fuite d'afpérités
dont la faillie étoit plus marquée dans l'endroit des ombres
locales qui les annonçoient, & que ces afpérités étoient
caufées par la célérité du travail de l'Ouvrier. Les inégalités
du grain , qui viennent de ce défaut de fabrication, font
donc plus fenfibles dans les pâtes pourries que dans les pâtes
naturelles. Or comme ces mêmes pâtes pourries ne peuvent
fubir fans inconvénient les différentes manipulations de l'é-
change, il s'enfuit que la même caufe qui rend le papier plein
d'afpérités dans le grain, le rend auffi incapable de fe prêter
aux feules reffources que l'Art nous offre pour les détruire.

Je ne prétends pas au refte que toute pâte non pourrie
prenne également bien l'échange ; à cette condition effentielle
pour fon fuccès , il eft néceffaire d'en joindre plufieurs
autres. Ainfi la pâte doit être triturée avec foin & fans avoir
contracté aucune graiffe ; il faut éviter auffi qu'un lavage trop
long de cette pâte, n'enlève, pendant fon affinage, les parties
les plus fines qui contribuent particulièrement à former le
velouté du papier lorfqu'on l'échange. Il eft néceffaire, outre

cela , que les premiers preſſages aient été ſoignés tellement
que le papier ſoit également humide au centre des feuilles
comme ſur les bords ; car ſi les veſtiges de l'eau qui y réſide
encore, étoient diſtribués inégalement au centre & ſur les
bords , on trouveroit les plus grandes difficultés à exécuter
les relevés ; & ſi l'on ne parvenoit pas enſuite à procurer
l'évacuation de l'eau , au même degré, dans toutes les parties
des feuilles après l'échange, le papier , en ſéchant à l'étendoir,
ſeroit plein de rides & de plis , & ſe tourmenteroit dans
ſes dimenſions.

Cependant, on peut toujours aſſurer que cette opération
produit, en général, de très-bons effets ſur tous les papiers,
même ſur ceux qui ſont pleins de nébuloſités & d'un grain
inégal , pourvu que les pâtes ne ſoient pas trop pourries ;
& que ſi elle ne produit pas des améliorations bien marquées ,
elle fait au moins diſparoître les défauts les plus apparens.

Les bons effets de l'échange ayant été une fois connus des
Hollandois, ils l'ont appliqué généralement à toutes les Sortes
de papiers qu'ils fabriquoient, depuis le *Pro-Patria* & le Grand-
Cornet, juſqu'aux papiers de Maculatures. Tout le monde
connoît le moelleux & le velouté des premiers ; mais on n'a
pas été à portée de voir le degré de perfection que les papiers
de Maculatures reçoivent dans les Moulins Hollandois par
les apprêts de l'échange ; on eſt toujours étonné lorſqu'on les
compare avec nos Sortes correſpondantes , mollaſſes & ſans
ſolidité, de trouver des Maculatures auſſi bien ſeutrées, auſſi
bien adoucies à leur ſurface, & auſſi propres à empaqueter
ſolidement les rames des papiers les plus précieux. Il en eſt de
même des papiers à ſucre & des papiers de pliage, malgré la
rudeſſe de la matière première, non-ſeulement la pâte de ces
papiers, quoique ſimplement effilochée ſe glace & s'adoucit ſingulièrement à la ſurface par l'échange, mais encore le corps de
l'étoffe y acquiert une conſiſtance & un ſeutrage qui étonnent.

Ce ſont ſur-tout les papiers les plus épais & d'un grand
format en même temps, qu'il importe le plus d'échanger ; il
eſt conſtant que les Hollandois ont ſoigné, avec les plus grandes

attentions, l'échange de ces Sortes, & qu'ils ont eu les plus beaux succès. Souvent l'Ouvrier lui-même confacre à cette opération le temps qui lui refte, après qu'il a rempli fa tâche à la cuve : il emprunte même ordinairement le fecours du Leveur, qui foulève de fon côté les coins de l'extrémité oppofée à la fienne, & qui place fur le plateau, conjointement avec lui, les feuilles des porfes, comme au premier *levage.* Ce fecours eft néceffaire lorfqu'on *relève* ces grandes Sortes à felle platte ; mais quelques Ouvriers manœuvrent ces papiers fur une felle inclinée prefque comme la nôtre, & tranfportent chaque feuille fur un plateau qui occupe la moitié de la même felle. Au moyen de cette difpofition, les opérations du relevé s'exécutent fans fecours.

Ces grandes Sortes n'acquièrent pas feulement par l'échange l'adouciffement & le feutrage qui leur font fi néceffaires, elles reçoivent encore par cet apprêt une amélioration très-effentielle. Comme il eft fort difficile que ces étoffes épaiffes parviennent fous la première preffe en porfe-feutre, & fous la feconde en porfes-blanches à une defficcation égale dans toutes leurs parties, c'eft-à-dire, égale au centre & fur les bords ; lorfque l'échange eft bien foigné, toutes les feuilles prennent infenfiblement un degré de féchereffe & d'humidité uniforme par-tout. Il n'eft queftion que de diriger l'action de la preffe avec la même force fur les bords des porfes comme au centre ; on évite par-là les plus grands inconvéniens qu'on éprouve en France dans la fabrication de ces Grandes Sortes ; car fi peu que le centre foit plus fec que les bords, à mefure que la defficcation de ces papiers s'opère à l'étendoir, on remarque que les différentes parties de ces feuilles contractent des *godages,* des plis & des rides qu'on ne peut détruire par la fuite, & qui s'oppofent à l'extenfion uniforme de ces feuilles fous les preffes.

Par une raifon contraire, on fupprime quelquefois l'échange en porfes blanches, lorfquon fabrique de Petites Sortes peu étoffées, compofées de pâtes bien égales & bien pures, déjà feutrées à un certain point par les deux premiers preffages, fur-tout fi elles ont acquis au centre & fur les bords un degré de defficcation uniforme, & qu’elles ne coûrent aucun rifque de fe déformer à l’étendoir par un féchage inégal.

Lorfque les papiers ont été échangés, on les porte à l’éten-doir, pour être placés fur les cordes en *pages*, c’eft-à-dire en paquets de deux, de trois & de cinq feuilles, fuivant le for-mat : ils y sèchent doucement & bien également dans toutes leurs parties ; comme par l’effet de l’échange, l’humidité qui refte a été diftribuée uniformément dans toute l’étendue des feuilles, elles sèchent fans fe rider & fans contracter le moindre pli. D’ailleurs, n’étant plus auffi imprégnées d’eau que les nôtres, qui n’ont pas perdu comme elles leur humidité par les preffes de l’échange, elles n’éprouvent à l’étendoir que de très-légers changemens dans leurs dimenfions, ne font point fuf-ceptibles de contracter, en féchant, des plis, des rides, un grain rude, inégal, plein d’afpérités locales, comme on l’éprouve chaque jour en mettant à l’étendoir fans précaution & fans échange les papiers de pâtes pourries, mal fabriqués d’ailleurs.

De même, les pages des papiers échangés, ne font pas compofées de feuilles auffi exactement collées que les feuilles des papiers fabriqués avec les pâtes pourries & non échangés ; les premiers ayant fubi, par le relevé & par la preffe, un adouciffement confidérable, les furfaces liffes de chaque feuille n’adhèrent que très-foiblement avec les furfaces des feuilles contiguës : la plupart même fe détachent les unes des autres à mefure qu’elles sèchent, en forte que lorfqu’on fait la cueillette des pages pour le collage, ces feuilles s’affoupliffent, s’entr’ouvrent & fe *défœuvrent* même très-aifément. Ainfi l’é-change en porfes blanches prépare de plufieurs manières le papier à recevoir l’apprêt de la colle.

Du Collage.

Préparation de la Colle.

Je ne répéterai pas ici ce que j’ai dit dans mon premier Mémoire, au fujet des matières dont on fe fert en Hollande

pour coller le papier, ainſi que de la manière dont ſe fait
la cuite de ces matières : je ne m'attacherai , toujours en
ſuivant le même plan, qu'aux procédés de l'apprêt du collage
qui ont quelque rapport avec les différentes propriétés des
pâtes Hollandoiſes & Françoiſes, ou qui peuvent avoir reçu
quelques modifications relatives à ces qualités.

Il paroît, par mes expériences *(art. I, n.° 12)*, que les
pâtes Hollandoiſes prennent la colle plus lentement & plus
difficilement que les pâtes Françoiſes : d'un autre côté, il
eſt conſtaté, par le témoignage de tous ceux qui font uſage
du papier de Hollande, que les Fabricans Hollandois ont eu
les plus grands ſuccès dans leur collage. Il réſulte de ces deux
faits réunis, que les Hollandois ont le mérite de la difficulté
vaincue dans ce genre d'apprêts, comme dans pluſieurs autres
procédés de fabrication.

C'eſt en partant de ce principe que j'ai cru devoir
étudier auſſi avec le plus grand ſoin toutes les manipulations
réfléchies, que les Hollandois mettent en pratique dans leur
collage, perſuadé que de l'enſemble & des différens rapports
de ces procédés & de ces attentions, j'en déduirois pluſieurs
vérités-pratiques très-utiles pour l'amélioration de notre travail :
ce font les réſultats de mes obſervations que je vais expoſer
le plus ſuccinctement qu'il me ſera poſſible.

On peut conſidérer l'apprêt du collage ſous des rapports
différens & qui font également intéreſſans, ou bien quant à
la préparation de la colle, ou bien quant à l'état des papiers
qui doivent être collés : la réunion de ces deux objets paroît
eſſentielle au ſuccès d'une opération qui dépend viſiblement
autant de la matière qui reçoit la colle, que de la colle elle-
même. Je commence par ce qui concerne la colle, pour paſſer
enſuite aux papiers.

La première qualité que doit avoir la colle eſt d'être claire
& limpide ; or l'on ne parvient à donner à la colle un degré
·de dépuration ſi deſirable que par un refroidiſſement total &
bien ménagé. En vain a-t-on tenté de tranſvaſer la colle d'un
vaiſſeau dans un autre, de la faire paſſer à travers des chauſſes

& des feutres , elle ne fe dépouille bien exactement des matières étrangères qui la faliffent que par un refroidiffement total. Si l'on fuit avec foin les progrès de ce refroidiffement, on s'aperçoit qu'elle fe dépure à mefure qu'elle perd de fa chaleur, & que les nuances de tranfparence qu'elle acquiert font en raifon de la quantité de dépôts & de fédimens qui fe forment au fond des vaiffeaux où elle fe refroidit. On voit que les faletés les plus groffières fe précipitent les premières : que celles d'un volume moins confidérable viennent enfuite, & que les plus légères & les plus tenues ne font dégagées que fur la fin du refroidiffement ; ainfi une belle tranfparence dans la colle eft le réfultat de cette fuite de précipitations qui s'opèrent depuis l'ébullition jufqu'à la formation de la gelée, & qui n'a point été ni précipitée, ni troublée, ni interrompue.

La colle qu'on n'a pas purifiée ainfi, comme cela fe pratique communément en France, laiffe précipiter ces matières étrangères, dès qu'on y plonge un corps qui la refroidit fubitement. C'eft ce qui a lieu le plus fouvent, quand on trempe des pages de papier froid dans la colle toute chaude , telle qu'on la tire en France des vaiffeaux où fe fait la cuite , pour la verfer dans le mouilloir fans aucune dépuration préalable. Doit-on être étonné enfuite que la colle, refroidie par le contact du papier, fe trouble, & qu'il s'y forme un précipité plus ou moins abondant, lequel ne pouvant gagner le fond du mouilloir, à caufe du mouvement de la poignée, s'attache à la furface des feuilles & ternit leur blanc naturel ? Plus la colle eft chaude , moins alors elle eft dépurée, plus en conféquence les précipités font confidérables, & l'altération de la blancheur du papier eft fenfible.

Ces matières étrangères précipitées fubitement de la colle, dans les circonftances que je viens de décrire, & qui s'attachant à la fuperficie des feuilles, la faliffent, font enfuite recouvertes & fixées par la couche des matières collantes qui s'établit deffus ; en forte que le papier dans ce cas, doit être confideré comme un corps qu'on a verni avec un fond fale.

C'eft ainfi que m'ont toujours paru formées *les taches de*

colle. Il fuffit pour cela que certaines portions de graiffe ou d'huile animale, telles qu'il s'en trouve dans une colle mal clarifiée, aient atteint & imbibé l'étoffe du papier, & aient été enveloppées enfuite par les parties collantes qui les ont fixées invariablement dans un endroit particulier, & fous la forme qu'elles avoient prife avant que la colle les recouvrît.

Il eft vifible maintenant que l'on n'éprouvera aucun des inconvéniens dont je viens de parler, fi l'on fait paffer la colle après fa cuite par tous les degrés de refroidiffement poffibles, & qu'enfuite on la réchauffe avec précaution en lui communiquant une chaleur douce & fuffifante pour lui donner à-peu-près toute fa fluidité. C'eft avec ces attentions que le papier de Hollande conferve après la colle le même ton de couleur & de blancheur qu'il avoit auparavant : c'eft ainfi que les taches de colle qui occafionnent des déchets auffi confidérables dans les produits de nos Fabriques, ont difparu des bonnes Fabriques Hollandoifes ; car je ne parle ici que des Hollandois attentifs à toutes ces précautions : ceux qui s'en écartent y font ramenés par les défectuofités qui font la fuite & la peine de leur négligence.

Il eft encore un inconvénient que les Hollandois évitent en purifiant ainfi leur colle par un refroidiffement total ; ils ont remarqué que la colle chargée de faletés perdoit une partie de fa fluidité, & qu'en cet état elle étoit peu propre à s'infi-nuer dans les pores d'une étoffe auffi feutrée que l'eft le papier de Hollande. Ils ont donc recherché les moyens de dégager les parties collantes de ces matières étrangères qui les embar-raffent, afin de leur rendre ce degré de fluidité qui facilite leur introduction dans les pâtes non pourries ; c'eft encore une amélioration des procédés de l'art, infpirée par la néceffité. On a pu négliger jufqu'à un certain point ces attentions en France, où l'on n'a pas trouvé autant de diffi-cultés à faire pénétrer la colle dans les papiers des pâtes pourries *(art. I, n.º 12)*, & où l'on n'a pas cherché d'ailleurs avec autant de foin un collage exact.

Au moyen des foins fcrupuleux & foutenus, que les

Hollandois ont donné à la purification de leur colle, le choix des belles matières ne leur paroît pas auſſi eſſentiel que celui des matières qui donnent la plus grande quantité de parties collantes ; ils ne rejettent pas même les retailles de moindre qualité qui donnent, il eſt vrai après la cuite, plus de ſaletés & moins de parties collantes ; car comme ces corps étrangers ſe dégagent enſuite, & ſe précipitent au fond des vaiſſeaux, ils obtiennent toujours de ces matières après leur dépuration exacte, une colle claire, fluide & propre pour toutes ſortes de pâtes. Ainſi les Hollandois emploient à-peu-près les mêmes matières que nous pour leur colle ; ils ne diffèrent que par les ſoins qui nous coûtent apparemment plus qu'à eux.

On n'a pas remarqué juſqu'à préſent que le mélange de l'alun à la colle, pouvoit auſſi contribuer à ſa purification ; cependant lorſqu'on ajoute à la colle la doſe ordinaire d'alun, il ſe forme une précipitation aſſez prompte & aſſez abondante des matières étrangères, même les plus tenues qui y étoient ſuſpendues à la faveur du degré de chaleur néceſſaire pour tenir l'alun en diſſolution. D'après cet effet conſtant, dont il paroît que les Hollandois ſont inſtruits, ils ont penſé qu'il étoit bien important de ne pas mettre l'alun dans la colle, tant qu'elle conſerve encore une certaine quantité de ſaletés qui la terniſſent, & tant qu'elle a plus de chaleur ou moins de fluide aqueux qu'il ne lui en faut, pour tenir ce ſel en diſſolution.

On ignore ſans doute toutes ces circonſtances en France, puiſque nos Fabricans ſont dans l'uſage de mêler l'alun à la colle encore fort chaude, & quelques inſtans avant que de tremper les poignées dans le mouilloir : par cette précaution mal concertée, le papier reçoit les précipités que l'addition de l'alun à la colle y occaſionne aſſez ſubitement & s'en trouve ſali. Pourquoi donc ne pas attendre que ces précipités aient eu le temps de former un dépôt ſur le fond des vaiſſeaux, & que la colle ait été tranſvaſée enſuite, avant que d'y plonger le papier ? Pourquoi enfin ne pas ſaiſir le point de chaleur le plus foible, & l'inſtant que les ſaletés les plus tenues

& les

& les plus adhérentes à la subſtance de la colle, ſe ſoient dégagées exactement ? A la manière dont on ſe conduit en France, il ſemble qu'on appréhende que l'alun, diſſout dans la colle, ne s'altère & ne puiſſe s'attacher au papier, pour y produire les effets qu'on en attend d'ailleurs, & qui ſont de donner une certaine adhérence aux parties collantes.

La doſe de l'eau qu'on met dans la colle, le degré de fluidité qu'elle doit avoir ſont des circonſtances qu'il eſt auſſi important de ſoigner, ſoit pour le ſuccès de la dépuration de la colle elle-même, ſoit pour le ſuccès du collage. La colle, fluide à un certain point, ſe clarifie plus aiſément que la colle trop forte, où les principes collans, étant plus rapprochés, ne donnent pas aux corps étrangers la liberté de ſe dégager auſſi promptement que ſi le véhicule de l'eau étoit plus abondant : auſſi voit-on quelquefois les Fabricans Hollandois & Flamands, après avoir reconnu la force de leur colle, par des eſſais, y ajouter un quinzième ou un vingtième d'eau.

La colle peut avoir de la conſiſtance & de la force apparente dans deux cas différens, ou parce qu'un grand nombre de principes collans preſque purs ſont rapprochés dans une quantité d'eau peu abondante, ou parce qu'une quantité moyenne de parties collantes ſe trouve ſurchargée de matières étrangères qui s'oppoſent à ſa fluidité. Dans ces deux cas, il importe d'ajouter une certaine quantité d'eau qui rétabliſſe le degré de fluidité néceſſaire pour faciliter une prompte clarification.

La colle, étendue dans un véhicule d'eau aſſez abondant, paroît, à degré égal de dépuration, plus propre à pénétrer dans les papiers, ſur-tout dans ceux de pâtes non pourries, qu'une colle plus forte & moins fluide. A juger des principes des Hollandois, par leur pratique à cet égard, il ſemble qu'ils ne redoutent pas d'employer une colle étendue d'eau, que nous appellerions foible, pourvu qu'elle ſoit épurée d'après la méthode que je viens de développer ; une colle foible, ſelon eux, ſeroit une colle qui ne dépoſeroit ſur le papier qu'une petite quantité de parties collantes , quand même elle en renfermeroit beaucoup ; c'eſt par la quantité de parties collantes qu'une colle dépoſe, qu'on juge de ſa force, & non par la quantité qu'elle en contient , ſi quelque obſtacle s'oppoſe à leur introduction dans l'étoffe du papier.

En France, on a des idées peu juſtes à cet égard ; on croit communément , qu'en augmentant la doſe de la colle on parvient à coller mieux, quand même elle ne ſeroit pas clarifiée. Il eſt vrai que le papier de France, ne peut pas, comme nous l'avons vu *(art I, n.° 12)* ſéjourner long-temps dans le mouilloir ſans ſe caſſer. D'après cette conſidération, on aura probablement penſé que les principes collans étant plus rapprochés , ſe fixeroient plus abondamment & plus vîte dans les papiers de pâtes pourries, ce qui produiroit un collage ſûr, pendant le peu de temps que ces papiers peuvent tremper dans la colle ſans ſe déchirer.

Il eſt aiſé d'apprécier cette prétention, ſi l'on réfléchit aux principes qu'on peut déduire de la méthode Hollandoiſe. N'eſt-il pas prouvé par cette méthode, qu'à quantité égale de principes collans, la colle chargée de ſaletés, telle qu'on l'emploie aſſez communément en France, eſt moins propre à pénétrer dans l'étoffe du papier de pâtes non pourries que la même colle bien purifiée ? J'ajoute même qu'une colle contenant moins de principes collans, pourvu qu'ils ſoient ſans mélange de matières étrangères & délayés dans un véhicule convenable, collera mieux qu'une colle plus forte non purifiée. Or la condition doit être la même pour les pâtes pourries qui abſorbent la colle avec tant d'avidité. Une colle foible, mais épurée, s'inſinuera donc plus vîte dans ces étoffes ſi perméables qu'une colle plus forte non purifiée, qui, par la précipitation momentanée des corps étrangers dont elle eſt chargée, bouchera les pores de ces étoffes avant que les parties collantes aient pu les atteindre & s'y loger. Donc le ſuccès du collage des pâtes pourries ne dépend pas tant de la force d'une colle quelconque, que de l'état de fluidité & de pureté dans lequel on l'emploie.

Nous avons au reſte des faits qui viennent à l'appui de ces réflexions & qui nous feront fournis par les Hollandois eux-mêmes. Les Fabricans de Sardam & de Flandre ont conſtamment éprouvé que des papiers de pâtes non pourries, ſuperfines & bien pures, n'ont pris la colle qu'imparfaitement, toutes les fois qu'on les a trempés dans une colle trop chaude, qui n'avoit pas eu le temps de ſe purifier de ſes ſaletés. Ils ont même obſervé que ce peu de ſuccès n'étoit pas occaſionné par les défauts de l'étoffe des papiers, auxquels on avoit donné d'ailleurs tous les apprêts de l'échange avant & après la colle, mais ſeulement par l'abondance des corps étrangers, qui flottant dans la colle, ſe font oppoſés à l'introduction des parties collantes : Une preuve que le peu de ſuccès du collage devoit être attribué à cette cauſe, c'eſt que ces papiers, de doux & de liſſes qu'ils étoient, ſont devenus durs, rudes, pleins d'aſpérités comme s'ils n'euſſent pas paſſé à l'échange.

La cauſe de ces effets devient encore plus palpable ſi l'on ajoute un fait totalement oppoſé au premier, quant aux circonſtances où ſe trouve la colle. Il arrive ſouvent qu'en Hollande & en Flandre on n'échange point les pâtes moyennes avant la colle, ſur-tout dans les petites Sortes, quand même ces pâtes ſeroient peu également triturées ; cependant, lorſque ces papiers ſont collés avec une colle bien épurée, quoique foible, au moyen de l'échange après la colle, ils acquièrent beaucoup de douceur à leur ſurface, & finiſſent par être très-bien collés. On voit par-là que la colle clarifiée eſt tellement eſſentielle aux bons apprêts du papier, que ſans cette condition les papiers ſoumis aux autres préparations en manquent l'effet, & qu'en la rempliſſant exactement on peut ſuppléer à quelques-unes de ces manipulations.

La doſe de l'alun eſt encore une circonſtance remarquable en Hollande dans la préparation de la colle. En France, on n'en met guère qu'un vingt-quatrième du poids des matières de la colle, peſées avant la cuite. En Hollande, la doſe ordinaire de ce ſel eſt entre un cinquième & un ſeptième du poids de ces mêmes matières ; en ſorte qu'il ſembleroit d'après cela que le papier de Hollande demanderoit pour être bien collé plus d'alun & moins de colle que le papier de France, & que ce dernier auroit befoin d'une plus grande quantité de colle & d'une moindre quantité d'alun. Ce qu'il y a de certain, c'eft qu'avec la dofe d'alun & de colle que nous employons, nous n'avons pas les mêmes fuccès qu'ont obtenu conftamment les Hollandois avec leur colle bien purifiée & bien fluide, & la dofe d'alun indiquée ci-deffus.

Je vais reprendre maintenant tous ces détails, & préfenter dans autant d'articles précis chacune des précautions que les Hollandois mettent en ufage pour la préparation de leur colle.

1.° Quoiqu'on diftingue les différentes qualités des colles, il paroît cependant qu'en général on s'attache de préférence à celles qui donnent une plus grande quantité de parties collantes.

2.° Après que la colle eft cuite on la tranfvafe dans des vaiffeaux plus larges que profonds, qu'on couvre avec foin pour laiffer refroidir la colle par des degrés infenfibles; elle dépofe pendant ce refroidiffement lent les matières étrangères qui la faliffent, & la quantité de ces dépôts eft à peu-près en raifon des différens degrés de refroidiffement que la colle éprouve.

3.° On met refroidir à part différens échantillons de la colle pour juger de fa force & de fa dépuration: fi elle eft trop forte, on y ajoute un quinzième ou un vingtième d'eau afin qu'elle achève de fe clarifier plus complètement & même plus promptement.

4.° Lorfque la colle eft refroidie à un certain point, & par conféquent dépouillée de la plus grande quantité des corps étrangers qui y flottent, on y mêle un feptième ou un cinquième d'alun; on attend encore après ce mélange que la précipitation fubite des faletés qu'il occafionne ait gagné le fond des vaiffeaux.

5.° On tranfvafe pour lors la colle pour ne point la laiffer prendre corps & former la gelée fur le fédiment.

6.° Après que la colle a éprouvé un refroidiffement total,

& qu'elle eſt bien clarifiée, on la met dans une petite chaudière pour la réchauffer & lui communiquer une chaleur douce qui lui donne la fluidité convenable pour y tremper le papier.

En traitant la colle avec ces ſoins & ces précautions, les Hollandois ont toujours obtenu une colle nette, tranſparente, qui ne ternit point le ton de couleur & la blancheur de leurs papiers, qui réſiſte à toutes les températures de l'atmoſphère ſans ſe corrompre, qui colle avec un égal ſuccès toutes ſortes de pâtes, même les pâtes non pourries, qui ſe conſerve très-long-temps avec la même limpidité & la même conſiſtance ; avec laquelle on peut coller ſûrement plus de papier que n'en colleroit une même quantité de colle non clarifiée ; avec laquelle enfin on ſe préſerve de toutes taches de colle qui occaſionnent des déchets conſidérables dans certains cas.

Effets de la colle ſur les différentes pâtes ; opération du collage.

Après avoir expoſé ce qui concerne la préparation de la colle, paſſons maintenant à ce qui regarde l'état des papiers indiſpenſablement requis pour aſſurer le ſuccès plein & entier du collage avec une colle bien clarifiée : nous terminerons enſuite cette expoſition par les détails de l'opération du collage.

Le ſuccès du collage, conſidéré par rapport aux papiers, dépend principalement de la pureté des pâtes. Tout ce qui nuit à cette pureté doit donc s'oppoſer à l'imbibition de la colle.

Les pâtes ſont pures toutes les fois que le pourriſſage ou la trituration n'ont pas altéré ou développé les parties colorantes ou huileuſes qui ſont renfermées dans la ſubſtance du chiffon.

D'après ces principes, les pâtes non pourries, toutes choſes d'ailleurs égales, doivent être en général plus pures que les pâtes pourries, puiſqu'elles n'ont pas éprouvé les mauvais effets d'une cauſe qui en altère plus ou moins la couleur ; car nous avons vu *(art. I, n.º 1)* que ces pâtes naturelles avoient confervé leur blanc primitif & éclatant, pendant que les pâtes pourries avoient contracté un ton jaunâtre qui les faliffoit. Il eft conftant d'ailleurs, par l'expérience journalière, que ces pâtes pourries font fouvent imprégnées d'une efpèce de principe huileux dans l'état favonneux qui empêche la colle de pouvoir pénétrer également & abondamment dans l'étoffe des papiers compofés de ces pâtes.

Comme le pourriffage, ainfi qu'il eft conftaté par l'expérience *(art. I, n.° 14)*, agit plus fortement fur les chiffons groffiers que fur les fins, il rend en conféquence les pâtes groffières plus difficiles à coller exactement que les pâtes fines *(d)*, qui font moins altérées par la fermentation.

La différence de ces effets a paru auffi fenfible dans le collage des mêmes qualités de pâtes, lorfque les unes avoient été pourries, & que les autres au contraire étoient confervées dans l'état naturel : & fur les pâtes pourries ils fe font montrés toujours en proportion de l'altération de la pureté de ces pâtes, produite par le pourriffage. Ainfi, ce n'eft pas fouvent, parce qu'on épargne trop la colle, que nos papiers en France ne font pas ordinairement bien collés. On doit plutôt en attribuer la caufe au défaut de pureté des pâtes pourries qui s'oppofe à l'imbibition d'une quantité fuffifante de colle.

Quoique le collage du papier fabriqué avec des pâtes non pourries, réuffiffe mieux que celui des pâtes pourries ; cependant les premiers ne boivent pas la colle *(art. I, n.° 12)* auffi promptement & auffi abondamment que les feconds. Ces effets paroiffent avoir pour principe l'état, la conftitution, la texture & l'arrangement des filamens élémentaires dont font compofés les deux fortes de papiers. Ainfi, par exemple, le pourriffage ayant défuni & prefque décompofé les petits filamens avec lefquels font fabriqués nos papiers de pâtes.

(d) En conféquence de cet état des pâtes fines & même mi-fines, les reproches que je me permets en général dans ce Mémoire, méritent d'être adoucis & modifiés ; j'en fais ici volontiers la remarque & l'aveu : j'ai fort à cœur que tout ce que m'infpire le defir de perfectionner l'art dans ma Patrie, ne paroiffe pas dicté par un zèle outré.

pourries, leur arrangement peu régulier a laiffé entre elles des pores ouverts où la colle s'introduit fans obftacle & en quantité proportionnée aux vides qu'elle remplit : mais elle ne fe fixe pas de même à la furface du papier pour s'y étendre en une couche légère qui le verniffe bien exactement, parce que cette bafe ternie n'eft pas affez pure pour favorifer l'adhérence de la colle.

On ne doute point que l'imbibition de la colle dans les papiers de pâtes pourries, ne fuive cette marche, quand on eft témoin d'un effet fingulier dont les Deffinateurs fe plaignent fouvent. Lorfqu'ils étendent quelques couches de lavis fur nos papiers à deffiner, la teinte eft toute pointillée ; c'eft-à-dire qu'elle offre des parties foncées ou légères, des parties blanches ou colorées, fort bizarrement diftribuées. Ces papiers paroiffent collés feulement dans de petits points difféminés à la fuperficie des feuilles, & les fonds ou les intervalles de ces points femblent n'avoir pu s'imbiber de colle. N'eft-il pas vifible alors que le papier ne peut recevoir le lavis qu'à l'orifice des pores que la colle a pénétrés ; & qu'il fe laiffe percer par l'humidité dans les parties où l'impureté de la pâte s'eft oppofée à l'adhérence de la colle. C'eft encore par une fuite de cette même diftribution de la colle dans l'intérieur de l'étoffe des papiers de pâtes pourries, qu'ils en boivent beaucoup plus que ceux de pâtes non pourries, qu'ils la confervent moins bien, & qu'ils la perdent plus facilement lorfque l'évaporation & la defficcation ne font pas ménagés dans des étendoirs convenables.

D'un autre côté le papier de pâtes non pourries, compofé de fibres bien liées & bien compactes, n'attire & ne faifit la colle que par une imbibition générale & uniforme des pores de la furface ; c'eft pour cela qu'avec une petite quantité de colle, il eft mieux collé que les papiers de pâtes pourries. Et comme d'ailleurs les pâtes non pourries font plus pures, ainfi que nous l'avons déjà remarqué, la colle, quoique fuperficielle, y eft affez folidement adhérente pour ne s'évaporer qu'en petite quantité pendant la defficcation : le peu de pureté des pâtes pourries fait qu'elles ne reçoivent pas avec autant d'avantage les parties collantes, lefquelles ne peuvent en grande partie y adhérer qu'à la faveur des pores multipliés & fort ouverts, où elles font logées plus facilement.

Une preuve que c'eft à l'arrangement & à la texture des particules de la pâte, dans les différentes fortes de papiers, qu'on doit attribuer la manière dont les papiers de Hollande & de France fe comportent avec la colle, c'eft que fi le papier de Hollande a été gelé, il boit très-promptement, lorfqu'on le trempe dans le mouilloir, une quantité de colle confidérable: il eft évident que dans ce cas la gelée a ouvert de nouvelles iffues, de nouveaux pores qui abforbent facilement une certaine portion de colle, outre celle qui adhère à la furface.

J'ai dit ci-deffus, qu'outre le pourriffage, la trituration produifoit auffi dans les pâtes des changemens & des altérations qui nuifoient au fuccès du collage. Pendant la trituration des chiffons *verts*, lorfqu'on emploie des machines imparfaites, il fe développe des principes huileux, qu'on nomme *graiffe* en Papeterie, & qui lorfqu'ils font mêlés en certaine proportion avec la pâte, la rendent totalement inacceffible à la colle. On doit préfumer que les demi-fuccès font occafionnés par *cette graiffe* moins abondante, & que fuivant les degrés de développemens de cette matière, on éprouve les nuances d'un médiocre ou d'un mauvais collage. Comme le développement de cette graiffe dépend fur-tout, ainfi que je l'ai déjà dit, des machines imparfaites qui fervent à la trituration, je ne m'étendrai pas davantage fur ces inconvéniens, parce que je me propofe de les difcuter amplement, lorfque je traiterai des machines & des attentions qu'il faut avoir pour fe préferver des défauts d'une trituration mal conduite.

Je vais m'occuper maintenant de tous les détails de l'opération du collage.

On commence par faire la cueillette des pages à l'étendoir, & après avoir affoupli & *défœuvré* les feuilles affez exactement pour détruire prefque toute adhérence entr'elles, on les diftribue par *poignées* ou paquets deftinés à chaque *trempage*. Il paroît

que

que dans cette préparation des poignées, on a pour but d'écarter tous les obstacles qui pourroient s'opposer à l'imbibition de la colle; car on doit se rappeler avec quelle lenteur *(art. I, n.° 12)*, le papier de pâtes non pourries présenté au mouilloir, feuille à feuille, prenoit la colle en quantité suffisante. Cette difficulté de boire la colle m'a paru pour ces pâtes naturelles, être telle que si l'on plongeoit dans le mouilloir des pages formées de feuilles nombreuses & fortement adhérentes entr'elles, comme sont les nôtres, & qu'elles fussent composées de papiers fabriqués avec ces pâtes non pourries, il seroit impossible d'y faire pénétrer la colle. Nous avons même remarqué que malgré la facilité avec laquelle les pâtes pourries absorboient la colle, l'épaisseur & la compacité de ces pages nuisoit le plus souvent à son imbibition uniforme, parce qu'elle ne pouvoit traverser cette épaisseur.

Outre ces précautions, on a soin de joindre à chaque poignée deux feuilles de papier gris, d'un format égal à celui du papier destiné à la colle; ce papier gris ferme, solide & déjà collé, placé aux deux côtés des poignées, sert à en maintenir les feuilles. L'Ouvrier qui veut coller prend une de ces poignées & la plonge dans le mouilloir plein de colle clarifiée & réchauffée, comme je l'ai dit; il entr'ouvre la plus grande partie des feuilles de la poignée, afin de faciliter l'introduction de la liqueur par toutes les surfaces; c'est à ce but que tendent ensuite les petites manœuvres dont il est occupé pendant tout le temps que dure le trempage.

Comme le Colleur tourne & retourne sa poignée en tous sens, il étoit nécessaire que le papier gris contînt pendant ces différens mouvemens les feuilles des bords, qui n'ayant plus d'adhérence avec les feuilles contiguës intérieures, auroient flotté séparément dans la colle; ce qui auroit occasionné beaucoup de *cassés*. Cette précaution a été d'ailleurs inspirée par la considération du long séjour que le papier de Hollande fait dans le mouilloir, avant d'avoir pris une quantité suffisante de colle.

Ce n'est pas au reste pour le ramollissement de l'étoffe dans la

G

colle qu'on a pris ces précautions, car elle conferve toujours; même après avoir bu une fuffifante dofe de colle, affez de fermeté pour réfifter aux tranfports ordinaires; auffi n'ai-je pas remarqué que pendant le collage il fe caffât aucune feuille fimple, à plus forte raifon, on ne voit pas des pages entières fe déchirer. Ces accidens, que nous éprouvons affez fouvent avec nos pâtes pourries, quoique nous en ménagions avec grande réferve les mouvemens, & que nous abrégions le temps du trempage, annoncent bien clairement des étoffes & des pâtes différentes des étoffes & des pâtes Hollandoifes.

Lorfque les poignées font collées fuffifamment, on les retire du mouilloir avec les Papiers Gris qui les fuivent, même fous la preffe. J'ai obfervé que la quantité de liqueur qui fe dégage d'elle-même du paquet, lorfqu'on le foulève, & qui retombe dans le mouilloir, eft infiniment moins abondante que celle qui quitte pour lors les poignées de nos pâtes pourries & fpongieufes.

Quand les papiers font placés fous la preffe, on la fait agir doucement d'abord, enfuite plus ou moins vigoureufement, fuivant leur compacité & leur feutrage : on juge des nuances de cet état par le temps qu'il leur a fallu pour parvenir à un certain ramolliffement; plus ils font de temps, plus on preffe fortement afin de faire pénétrer également les principes collans, dans l'étoffe, & de faire dégorger au dehors toute la partie furabondante.

Quoique le papier de Hollande boive la colle difficilement, il peut en prendre fuffifamment au moyen du long féjour qu'il fait dans le mouilloir : cependant la quantité qu'il en prend eft beaucoup moindre que celle qu'abforbent nos papiers, mais cette moindre quantité lui fuffit parce qu'il la conferve plus fidèlement; il rend auffi peu de liqueur fous l'effort de la preffe. On remarque même, que, comme ce papier s'eft renflé à la colle par l'effet de fon reffort naturel, il ne perd que très-peu de cette augmentation de volume, fous la preffe ou pendant la defficcation. C'eft tout le contraire pour les papiers de pâte pourrie qui ont été gonflés par la liqueur

(53)

& qui s'appauvriſſent, quant à l'épaiſſeur, à meſure qu'ils paſſent
ſous la preſſe ou bien à l'étendoir. On laiſſe le papier de
Hollande au moins un quart-d'heure ſous la preſſe de la colle,
comme on le pratique en France; après quoi on l'enlève par
paquets dont les feuilles de Papier Gris ſervent toujours à
déterminer l'épaiſſeur, & l'on en fait des piles particulières
qu'on arrange tout autour de la table deſtinée à l'échange,
afin que les Ouvriers, occupés de ce dernier apprêt, puiſſent
ſe partager leur tâche.

De l'échange après la colle.

On commence cette opération, par *relever* feuille à feuille
les papiers des paquets, dont je viens de parler : on les
relève ou encore chauds de colle, ou bien lorſqu'ils ſont
refroidis ; la pratique des Fabricans Hollandois n'a rien de
conſtant à ce ſujet: cependant je crois que la première méthode
eſt préférable à la ſeconde. Mais après les *relevés*, on a la plus
grande attention de ne ſoumettre, à la preſſe, les nouvelles
piles de papiers, que lorſqu'ils ont entièrement perdu la chaleur
de la colle ; car ſi la colle étoit encore un peu chaude &
liquide, elle pourroit ſous l'effort de la preſſe de l'échange,
ou ſortir par filets du papier, ou bien éprouver à la ſurface
des feuilles, une nouvelle diſtribution qui y cauſeroit beaucoup d'inégalités, & détruiroit le bon effet des *relevés*. Il
vaut mieux que le papier, encore chaud de colle, prenne,
pendant les *relevés*, une certaine ſolidité, & que les couches
du vernis de la corolle ſe conſolident & s'affermiſſent à meſure
que le refroidiſſement de toute l'étoffe s'opère ; qu'enſuite
ces effets ſe perfectionnent ſous la preſſe qui achève de
donner au papier le glacé matte ſi convenable pour l'écriture
& pour le deſſin. C'eſt donc par le mélange des *relevés* &
des *preſſages* que le grain des papiers collés devient égal &
doux, que la colle prend corps, s'étend & ſe fixe ſur la
ſurface du papier: il eſt aiſé de ſentir, par ce que nous avons
dit de l'échange en porſes blanches, quelle eſt la marche de
tous ces effets.

G ij

L'échange après la colle eſt même d'une toute autre importance que le premier, par la multiplicité des vues qu'il remplit :
auſſi l'exécute-t-on généralement en Hollande ſur toutes les
Sortes de papier ; au lieu qu'on ſupprime quelquefois l'échange
en porſes blanches, particulièrement pour l'apprêt des petites
Sortes qui ſèchent ſans aucun inconvénient avant la colle.
L'apprêt du ſecond échange mérite d'autant plus d'être ſoigné,
qu'il reſte invariablement ſur les papiers, & qu'il n'eſt plus
altéré par des opérations ſubſéquentes.

On voit, par ce que nous venons de dire, que l'échange
a pluſieurs avantages qui méritent d'être rappelés ſuccinctement : 1.° il donne le temps à la colle de pénétrer dans
une étoffe qui la boit lentement, de ſe fixer à la ſurface de
cette étoffe, & d'y former une couche de vernis à meſure
qu'elle ſe refroidit.

2.° En ſéparant chacune des feuilles collées, il détruit les
mauvais effets d'un contact qui nuiroit au glacé de leur
ſurface, ſur-tout après que la colle s'eſt inſinuée dans l'intervalle des feuilles contiguës.

3.° Il opère lentement un commencement de defficcation
avant que la colle & le papier aient été expoſés à l'action
de l'air, qui y produiroit une évaporation trop vive.

4.° Par l'effet des preſſes, le grain s'adoucit, chacune des
ſurfaces ſe glace, & enfin toute l'humidité ſe diſtribue bien
également au centre de l'étoffe comme le long des bords ;
ce qui empêche les feuilles de ſe déformer & de ſe rider
lorſque la defficcation ſe complète à l'étendoir.

5.° Enfin l'échange rend les feuilles ſi unies & ſi liſſes,
qu'elles peuvent être *déſœuvrées* facilement pendant la defficcation, ſoit par elles-mêmes, ſoit par un effort très-foible du
ſaleran qui fait la cueillette ; ce qui diſpenſe d'étendre feuille
à feuille après la colle, comme nous allons l'expliquer plus en
détail.

De l'Étendage en pages après la colle.

Lorſque le papier *relevé* a paſſé quatre à cinq heures ſous

la preſſe, on l'en retire & on le porte à l'étendoir ; là on
le diſtribue ſur les cordes, en pages de deux, de trois, de
cinq feuilles, ſuivant la grandeur du format ; les Petites Sortes
s'étendant à cinq feuilles, & les Grandes à deux feuilles ſeu‑
lement : cet étendage ſe fait avec la plus grande facilité, au
moyen de ferlets dont les manches ſont aſſez longs pour
atteindre aux divers rangs des cordages ; le papier ſèche
doucement en cet état, & la colle ſe conſerve très‑bien
ſans un déchet ſenſible, parce que les feuilles des pages ſe
préſervent réciproquement d'une deſſiccation trop ſubite :
comme la colle a déjà pris corps & s'eſt fixée en couches à la
ſurface du papier pendant toutes les opérations de l'échange,
les progrès inſenſibles d'une deſſiccation ménagée ne font que
donner une conſiſtance plus ſolide encore à tous ces bons effets,
à meſure que les feuilles ſe ſéparent d'elles‑mêmes.

Les Hollandois, en étendant ainſi en pages le papier collé
& échangé, évitent très‑adroitement l'opération la plus pénible
& la plus haſardeuſe de la méthode Françoiſe.

Quoique le papier de France ſoit en général fort mollaſſe,
ſur‑tout lorſqu'il ſort du mouilloir, cependant la ſuite de
nos procédés nous a mis dans la néceſſité de ſéparer pour
lors chacune des feuilles qui compoſent les *poignées*, & de
les étendre ainſi toutes ſéparées : ſans cela, au lieu de feuilles
minces & légères, on n'obtiendroit, après la deſſiccation, que
des eſpèces de cartons ou aſſemblages de feuilles exactement
collées enſemble. En Hollande, la facilité de manier le papier,
même après la colle, a introduit l'échange qui, par rapport
anx *relevés*, reſſemble aſſez à notre manière d'étendre feuille à
feuille ; mais il s'en faut bien qu'il entraîne les mêmes incon‑
véniens, ſoit dans ſes effets, ſoit dans l'exécution. Première‑
ment les manipulations de l'échange après la colle ſont moins
pénibles, exigent moins d'ouvriers que celles qui y correſ‑
pondent en France ; trois ouvriers peuvent faire en Hollande
le travail que quatre n'exécuteroient pas en France ; car il
faut moins de temps pour *relever* les papiers collés, pour les
mettre ſous preſſe, pour les étendre en pages, que pour étendre

feulemênt la même quantité de porfes en France : après les avoir féparées feuille à feuille dans l'état de molleffe & d'adhérence où elles fe trouvent. Ainfi dans la méthode Hollandoife , outre le bénéfice de la main-d'œuvre, on a encore de plus les bons effets de l'échange. Toutes nos opérations après la colle ne font que des opérations de pure néceffité ; aucune ne tend à l'amélioration de l'étoffe : on expédie le travail fans penfer qu'on détériore infiniment les papiers.

Nous avons vu dans le premier Mémoire, combien la féparation brufquée des feuilles nouvellement collées, faifoit lever en France de poils à leur fuperficie , & combien elle groffiffoit le grain : nous avons remarqué auffi que ces inégalités , expofées enfuite à une defficcation rapide, fe trouvoient fixées prefque invariablement en cet état. Il n'eft donc pas étonnant qu'il ne réfulte le plus fouvent de toutes ces opérations hâtées, qu'une étoffe dure, sèche, fans aucune douceur à fa furface, au lieu d'une étoffe fouple, flexible, d'un grain uni & liffe qu'on auroit pu obtenir par cette fuite d'apprêts réfléchis que nous venons d'expofer.

Si l'on joint à ces confidérations celle des *caffes* , ou des autres défectuofités qui font la fuite de l'étendage fait feuille à feuille, après la colle, malgré l'adreffe fingulière de nos Étendeufes, on fera encore plus étonné de l'avantage que l'échange procure aux Hollandois. Outre les feuilles *caffées* entièrement & qu'on met au rebut, combien n'en voit-on pas dont les coins ou partie des bords font enlevés & déchirés au milieu des efforts continuels qu'il faut faire pour exécuter cette longue & pénible féparation ? C'eft encore à la nature de leurs pâtes, que les Hollandois doivent l'avantage d'avoir fupprimé cet étendage feuille à feuille ; comme les feuilles de pâtes naturelles fe feutrent & fe sèchent facilement fous les preffes , elles peuvent fe prêter à toutes les manipulations qu'exigent les apprêts qui difpenfent de cet étendage ; au lieu qu'avec nos pâtes pourries, nous fommes réduits à ne nous point occuper de ces apprêts, quoique notre étoffe en ait le plus grand befoin. Cette confidération me conduit à parler des *caſſes*, & à comparer encore à ce ſujet les réſultats des deux méthodes enſemble.

Des Papiers caſſés.

On peut ſe rappeler que dans les différens détails de nos procédés, ſoit de fabrication, ſoit d'apprêts, j'ai ſouvent fait mention des *caſſes;* & l'on a pu ſe convaincre en même temps qu'ils étoient occaſionnés en général par nos pâtes pourries, peu ſuſceptibles de prendre une certaine conſiſtance ſous la preſſe.

On a vu les leveurs François occupés à détacher des feutres les feuilles qui adhéroient, & aſſez ſouvent déchirer ces feuilles, ou bien arracher ſeulement des portions de coins & de bordures qui ne pouvoient ſoutenir l'effort néceſſaire pour dégager la feuille entière.

La même étoffe de pâtes pourries, ſoumiſe de nouveau à l'effort de la preſſe en porſes blanches, n'a pas encore acquis pour lors une ſolidité ſuffiſante pour être *relevée* ſans que les caſſes ne ſe multiplient à un certain point. Nous avons auſſi indiqué cet inconvénient, comme un des principaux motifs qui avoient découragé les Fabricans François, & qui les avoient déterminés à abandonner l'échange en porſes blanches.

Lorſque nous étendons en pages, nous déchirons encore aſſez ſouvent les feuilles ſur toute leur longueur en détachant les pages; d'ailleurs nous comptons toujours que deux à trois feuilles de l'extrémité de chaque porſe, qui frottent ſur le plateau, ou qui portent ſur le plancher de l'étendoir, lorſqu'on fait la cueillette des pages, ſeront déchirées de manière à ne plus ſervir qu'en maculatures; c'eſt un ſacrifice que notre négligence ſemble faire ſans regret.

Dans le collage, nous *caſſons* auſſi quelques feuilles des poignées, ſur-tout ſi nous les laiſſons ſéjourner un peu trop long-temps dans le mouilloir; & ſi nos poignées ſont compoſées de pages trop épaiſſes & peu ſuſceptibles d'être aſſouplies, on voit quelquefois de ces pages entières ſe *caſſer*.

Enfin, nous venons de faire voir combien l'ufage où nous étions de féparer chaque feuille des poignées après la colle, multiplioit les *caffes* & les autres défectuofités femblables : nous avons montré en même temps que cette féparation étoit indif-penfable, tant que nous ferons attachés à notre méthode de pourrir ; ce font donc des pertes nécefaires dans notre manière d'opérer. D'après tout ce détail, on ne fera pas étonné de nous voir porter ici les papiers *caffés* ou déchirés au quinzième de la fabrication totale en France.

En Hollande, les Fabricans ne comptent guère que fur un foixantième au plus de papier *caffé* ou déchiré ; quoique leurs papiers foient expofés de plus que les nôtres aux mani-pulations des *relevés* & des *preffages* de deux échanges. On n'aura pas de peine à croire à cette évaluation des pertes occafionnées par les accidens inféparables des manipulations de la Papeterie, fi l'on réfléchit à la folidité de l'étoffe des papiers Hollandois au fortir de la première preffe de la cuve, à la facilité avec laquelle le Leveur détache les feuilles des feutres, à la facilité des *relevés* dans les deux échanges, & des deux étendages en pages après les échanges.

Je dois faire remarquer outre cela que les Fabricans Hol-landois ont la plus grande attention pour que les porfes ne foient jamais placées immédiatement fur les plateaux, lorf-qu'après l'échange on les porte à l'étendoir ; que des feutres ou des Papiers Gris bien collés les préfervent d'être déchirées par les frottemens de toutes efpèces auxquels les différens tranfports les expofent ; que ces mêmes Papiers Gris les fuivent dans la préparation des poignées, dans le collage, dans les opérations de l'échange après la colle, & enfin dans l'étendage, &c.

Les Hollandois ne fe font pas bornés, comme l'on voit, à profiter des avantages que la folidité de leur papier leur offroit pour ne pas éprouver de *caffes* dans les manipula-tions ordinaires de la fabrication & des apprêts ; mais pour éviter de plus grandes pertes, ils ont fu prendre des précau-tions contre les accidens auxquels une étoffe, quelque folide qu'elle foit, n'auroit pu réfifter.

ARTICLE

ARTICLE TROISIÈME.

Des propriétés & des usages des différens Papiers, confidérés relativement aux pâtes pourries ou non pourries qui entrent dans leur compofition.

IL ne me refte plus, pour compléter la comparaifon des fyftèmes de fabrication Hollandois & François, qu'à parler de leurs produits; car il me paroît également intéreffant de mettre en oppofition les réfultats de l'une & l'autre méthode, après en avoir rapproché jufqu'à préfent les procédés. Toute cette comparaifon doit au refte fe borner à confidérer les différentes fortes de papiers, relativement aux pâtes qui entrent dans leur compofition, à la qualité & aux ufages des étoffes; d'après ce point de vue net & précis, je diviferai tous les papiers en deux claffes générales.

La première, comprendra ceux qui peuvent éprouver quelqu'effort, fans céder à un certain point; cette deftination exige, comme nous l'avons prouvé, qu'ils foient fabriqués avec une pâte non pourrie ou très-peu pourrie.

Je placerai dans la feconde claffe les papiers deftinés à recevoir l'impreffion de quelqu'effort & à s'y prêter. Suivant les principes expofés ci-devant, ces papiers doivent être fabriqués avec des pâtes creufes, mollaffes, & par conféquent produites par la trituration d'un chiffon pourri.

Les papiers propres à l'écriture, au deffin, le papier à fucre, ceux deftinés à plier les étoffes, à doubler les vaiffeaux, les cartons d'apprêts pour les étoffes de laine, font de la première claffe, & les produits de la méthode Hollandoife telle que je l'ai décrite.

Les papiers propres à l'impreffion, aux cartes géographiques, aux eftampes, aux cartes à jouer, font les réfultats les plus précieux de la méthode Françoife. En parcourant chacune de ces Sortes, je décrirai, avec plus de précifion, ce qui les caractérife particulièrement.

H

Papier propre à l'Écriture.

Le papier d'écriture doit être fabriqué fans nœuds, fans plis , fans rides , & d'une étoffe fouple , dont la fuperficie préfente un grain uniforme & fuivi, qui foit adouci par l'échange, & nullement détruit par la liffe : le fond de ce papier fera blanc, ou bien offrira la nuance d'un bleu léger, qui ajoute à l'éclat du blanc naturel. Il eft très-important qu'il foit bien & exactement collé, pour que l'écriture foit nette, & que les contours des lettres ne foient ni indécis, ni baveux. En indiquant les qualités qui font effentielles au papier d'écriture, j'ai indiqué les qualités du papier de Hollande; on lui reproche, il eft vrai, d'être caffant & de fe couper dans fes plis; mais on ne peut guère éviter ces défauts qu'en facrifiant quelques-unes de ces qualités, ou du moins l'art de la Papeterie n'eft pas encore parvenu jufque-là.

Ce papier doit être fabriqué avec des pâtes non pourries, qui prennent un beau grain, qui s'échangent avec fuccès, qui fe collent bien également, enfin qui fe sèchent fans plis & fans rides après l'échange.

Papier propre au Deffin & aux Enluminures.

Les papiers propres au deffin font de deux fortes; les uns font formés d'une feule pâte blanche, fine ou moyenne; les autres font compofés de deux ou trois pâtes de diverfes couleurs; les Hollandois font prefque feuls en poffeffion de fabriquer ces papiers. Ces étoffes réuniffent les mêmes qualités que les papiers d'écriture; il faut que leur grain foit bien prononcé, quoiqu'adouci par l'échange; car fans ce grain, le crayon ne pourroit y laiffer les traces des objets que le Deffinateur a voulu figurer. Il convient que le collage en foit foigné pour que les deffins à l'encre ou au lavis aient de la netteté & ne s'affoibliffent pas par l'imbibition de l'encre & des couleurs qui pénétreroient irrégulièrement dans l'étoffe.

Depuis quelques années, nos papiers à deffiner ont un grain moins gros, parce qu'on les a foumis à l'échange, mais ils font toujours un peu mous & d'un collage peu fûr. Il n'y a guère que M. Henri à Angoulême , & M. Cuvelier à Lille, qui aient approché du travail Hollandois, parce qu'ils pourriffent peu & qu'ils ont adopté l'échange.

Papiers peints, Tontiffes, &c.

L'on admire avec raifon les papiers peints qui viennent d'Angleterre, & l'on a voulu les imiter en France; mais on n'a pas fenti que ce qui contribuoit le plus à la beauté de ces papiers , étoit la folidité de leur étoffe fabriquée avec des pâtes non pourries. On a cru qu'il fuffifoit, pour imiter les papiers peints Anglois, de fe borner à la compofition des deffins & des couleurs ; on n'a pas craint de confier ces couleurs à des papiers faits de pâtes pourries, fans confiftance, fans fermeté & fans colle. Il n'eft donc pas étonnant que les contours des ramages foient mal terminés, que les couleurs n'aient ni vivacité , ni accord , puifque la pâte pourrie admet inégalement ces couleurs, les boit avec avidité & s'en pénètre infenfiblement. Ces mêmes papiers François ne prennent qu'un liffage lâche, & ont befoin d'être collés fur toile; ceux d'Angleterre, au contraire, ont affez de confif-tance pour réfifter feuls aux accidens, & bien figurer dans une tenture ; d'ailleurs leur liffage eft vif & brillant, parce qu'ils cèdent le moins poffible à l'effort de la liffe.

On voit par ce détail, de quelle importance il eft de n'employer dans les Manufactures de papiers peints, que des papiers fabriqués avec une pâte non pourrie, bien feutrés & adoucis par l'échange, folides, collés & fonnans. Comme ils peuvent être faits de toutes peilles, il eft néceffaire qu'on triture les chiffons avec des machines qui coupent bien & qui ne laiffent pas contracter de la graiffe à la pâte.

Papier à fucre.

Le papier à fucre que les Hollandois nous apportent, a de la foupleffe & de la folidité; il fe plie fans fe rompre : auffi emploient-ils à fa fabrication un chiffon groffier non pourri qu'ils triturent avec des cylindres bien coupans; ils le collent avec foin & le foumettent à l'échange, non-feulement pour en adoucir la furface, mais fur-tout pour le feutrer intimément. Le papier à fucre qu'on fabrique en France n'eft fait fur aucun principe; c'eft un affemblage de pâtes groffières, pourries à l'excès & qui n'ont ni confiftance, ni liaifon : auffi s'ouvre-t-il dans les plis au moindre effort, & met à découvert les pains de fucre.

Cartons pour les apprêts des Étoffes de laine.

Il y a quelque temps qu'on s'occupe en France de la fabrication des cartons propres aux apprêts des étoffes de laine : les Apprêteurs defirent que ces cartons réfiftent à l'effort de la preffe, & qu'ils réagiffent contre la furface des étoffes au milieu defquelles on les place pour les acatir. On fent aifément, par tout ce que j'ai dit ci-devant, qu'un carton compofé de pâtes non pourries, eft feul en état de remplir toutes ces vues; que dans notre fyftème de fabrication, il ne nous a pas été poffible de fatisfaire aux defirs des Apprêteurs, puifque nous leur avons préfenté des cartons compofés de pâtes pourries à l'excès, ou même de rognures de papier & de maculatures qu'on foumet encore à un fecond pourriffage.

Les Hollandois & les Anglois ont eu au contraire dans ce genre, les plus grands fuccès; & ils les doivent au principe général de fabrication qu'ils ont adopté, plutôt qu'à des recherches particulières. Leurs cartons font, ou fabriqués dans toute leur épaiffeur avec une feule maffe de pâte affemblée fur la forme, ou bien ne font que l'affemblage de plufieurs feuilles de papier collées enfemble; dans l'un & l'autre cas, ils font compofés avec des matières groffières non pourries, & triturées par des cylindres armés de lames acérées. On les feutre & on les échange avec foin, & après les avoir vernis d'une compofition qui n'eft pas de notre objet, on les liffe. Par ces apprêts long-temps continués, les Hollandois & les Anglois en obtiennent des étoffes folides & glacées, qui ne s'écrafent plus entre les plis du drap, & qui n'y adhèrent point. Comme le liſſage vif qu'on donne à ces cartons, agit plus ſur la compoſition dont on les vernit que ſur l'étoffe même, on ne ménage pas l'action des preſſes lors de l'échange. En ſuivant ce plan de fabrication, on peut procurer à nos Manufactures de Draps, un carton auſſi propre à leurs apprêts que les cartons Anglois & Hollandois. Comme les recherches qu'on a faites ſur cet objet important, n'ont été dirigées ſur aucun principe, il n'eſt pas étonnant qu'elles n'aient pas eu un ſuccès bien décidé; tels ſont les principes qu'il faut ſuivre dans les épreuves qu'on entreprendroit à ce ſujet.

Paſſons maintenant à la ſeconde claſſe des papiers que nous avons diſtingués ci-deſſus.

Papier d'Impreſſion.

Je place à la tête des papiers de cette claſſe, le papier d'impreſſion, parce que c'eſt le chef-d'œuvre de la Méthode Françoiſe : ce papier doit être étoffé, bien uni, ſans plis, ſans rides, d'un blanc naturel, ſans aucune nuance de bleu, collé moins fortement que le papier d'écriture, mais aſſez bien cependant pour qu'il rende les caractères d'imprimerie avec netteté; ce qu'il ne peut pas faire s'il eſt mollaſſe & mal collé. D'ailleurs il tire la fermeté plutôt de ſa colle, que de la nature de la pâte dont il eſt compoſé, laquelle doit être creuſe & ſuſceptible de ſe prêter en s'écraſant à l'introduction des caractères.

Ces qualités dans la pâte dont eſt compoſé le papier d'impreſſion, exigent que le chiffon paſſe au pourriſſage, & qu'il ſoit trituré aux pilons plutôt qu'aux cylindres, parce qu'en général les pâtes pourries triturées aux cylindres, éprouvent dans la deſſiccation une retraite plus conſidérable que les mêmes pâtes triturées aux maillets; leurs filamens ſont donc moins rapprochés dans le dernier cas que dans le premier. Le papier fabriqué avec ces précautions, cède aſſez à la preſſe de l'Imprimeur, pour prendre une quantité d'encre ſuffiſante. Il faut avoir ſeulement ſoin que la pâte ſoit triturée ſans graiſſe, & qu'elle ſoit ouvrée avec une certaine lenteur

pour qu'elle se distribue uniformément sur la verjure, &
qu'elle y prenne un grain net & régulier : sans cela les
caractères ne seroient pas prononcés également dans toutes
les parties de la feuille ; d'ailleurs, si la pâte étoit un peu
grasse, le collage seroit inégal & imparfait.

Papier pour la Gravure.

La gravure exige un papier qui ait les mêmes qualités
que celui d'impression, relativement à l'état de sa pâte qui
doit être pourrie à un certain degré ; car il est prouvé par
l'expérience, que la gravure ne prendroit point sur un papier
fait de pâte non pourrie. La pâte outre cela doit être pure,
sans nœuds, sans patons ; le grain très-uni, sans plis & sans
rides ; pour cela le papier sera séché lentement dans des
étendoirs bas, afin que le grain ne sorte pas trop pendant la
dessiccation ; car il seroit dangereux de l'adoucir par l'échange,
on feutreroit l'étoffe & on en rapprocheroit trop les fibres ;
mais on doit distribuer également l'action des deux premiers
pressages: on a vu que sans cette condition le papier inégalement
imprégné d'humidité, au centre & sur les bords, contractoit
des rides & des plis pendant la dessiccation. Il doit être aussi
collé à un certain point. En remplissant ces conditions, les
traits des tailles-douces pourront s'imprimer nettement, &
avec tous les tons qu'exigent les teintes & les demi-teintes.
Le papier mou & creux de l'Auvergne réunit assez bien ces
avantages. Les Anglois & les Hollandois tirent de France ce
papier, ainsi que celui d'impression. On sent bien maintenant
pourquoi les papiers de ces deux Nations, qui ne fabriquent
que des pâtes non pourries, ne sont pas propres à recevoir
l'effet des gravures. Une pâte verte qui ne cède & ne prête
que très-peu à l'action de la planche gravée, ne rend aucun
trait dans le ton qu'il convient.

Papier cartier & papier peint liſſé.

Ces Sortes de papiers tiennent en quelque façon le milieu entre les papiers de la première claſſe & ceux de la ſeconde; il faut que le papier cartier ſoit fabriqué de façon à prendre le liſſage, par conſéquent il convient qu'il ſoit compoſé d'une pâte un peu creuſe; mais ce liſſage doit être vif, afin que les cartes coulent légèrement les unes ſur les autres lorſqu'on les mêle : le papier cartier ne ſoutiendroit pas, ſans ſe déchirer, l'effort qui lui communique ce liſſage, ſi la pâte ne conſervoit pas encore une certaine fermeté; en un mot, il faut que le papier cartier cède difficilement à la liſſe : car le bon effet de la liſſe, eſt, juſqu'à un certain point, en raiſon de la difficulté du liſſage; auſſi les Cartiers rebutent-ils tout papier mou & ſans conſiſtance. Une bonne colle eſt auſſi eſſentielle à ces papiers, puiſqu'elle tient lieu d'un vernis auquel le liſſage donne un ton luiſant & glacé; enfin, il eſt de la plus grande importance que la pâte ſoit pure, car ſans cela beaucoup de cartes remplies de taches, paſſeroient au rebut.

Pour remplir toutes les conditions que la deſtination du papier cartier ſemble impoſer aux Fabricans, on conçoit qu'ils doivent pourrir très-peu leur chiffon; enſuite le triturer dans des moulins bien montés, & dont les pilons ſoient armés de clous comme ceux de la Gueldre : enfin le ſécher dans des étendoirs un peu aérés pour obtenir un papier ferme & ſonnant après la colle.

Juſqu'à préſent l'Angoumois eſt preſque la ſeule province qui vende dans le Nord du papier cartier, du moins le papier de cette province eſt le ſeul qui ſoit recherché par les Hollandois; auſſi les peilles de l'Angoumois ne ſont point ſuſceptibles de prendre de la molleſſe en pourriſſant, & les moulins de cette Province triturent promptement les peilles un peu vertes. Les moulins des environs de Tulles réuſſiſſent auſſi fort bien dans le même genre de fabrication, parce qu'ils ont les mêmes reſſources. Enfin, il en ſeroit de même en Bourgogne ſi les Fabricans de cette province ſavoient profiter de la bonne qualité de leur chiffon qui m'a paru conſerver beaucoup de conſiſtance après un pourriſſage ménagé.

Les papiers deſtinés à être peints & liſſes, exigent les mêmes qualités de pâtes & les mêmes apprêts que le papier cartier. J'ajouterois cependant à la préparation de ce dernier papier, les opérations de l'échange & du relevé, parce que les papiers liſſés ont beſoin d'un grain adouci ; outre cela, j'en ménagerois la deſſiccation dans un étendoir bas, pour que les feuilles n'en fuſſent pas déformées dans leurs dimenſions, ce qui nuit à leur aſſemblage lorſqu'on les colle pour en faire des rouleaux. Ces papiers ainſi fabriqués prendroient les couleurs, ſans les altérer par une imbibition irrégulière, & recevroient un beau liſſage ſans ſe caſſer.

Il réſulte de tous ces détails, qu'à la lumière des faits expoſés ci-devant, l'on pourra fixer par la ſuite les opérations de la Papeterie, dans des limites aſſez préciſes pour en diriger & en aſſurer les réſultats ; qu'il ſera auſſi facile de ſubſtituer à une routine aveugle, & qui ne réuſſit toujours que par le concours fortuit de quelques circonſtances heureuſes, des principes raiſonnés qui éclaireront également ſur les cauſes des défauts du papier, comme ſur celles de ſes qualités eſtimables qui le rendent propre à tel ou tel uſage.

ARTICLE QUATRIÈME.

Des motifs & des circonſtances qui ont déterminé la ſuppreſſion du pourriſſage en Hollande, ainſi que l'établiſſement des cylindres & des procédés particuliers aux Hollandois ; de l'introduction infructueuſe des cylindres en France ; des divers obſtacles qui ſe ſont oppoſés à l'introduction des procédés Hollandois, & des moyens d'y parvenir.

APRÈS avoir recueilli dans les Moulins des Hollandois, toutes les obſervations propres à établir une comparaiſon raiſonnée entre nos procédés & les leurs ; je fus curieux de connoître quelles étoient les cauſes locales qui avoient produit

inſenſiblement

infenfiblement les changemens, & même, fi l'on veut, les
améliorations que je trouvois à Sardam, dans l'art de la
Papeterie , & mes recherches à ce fujet n'ont pas été
infructueufes.

L'art de la Papeterie, tel qu'il eft encore actuellement fuivi
en France, fut porté en Hollande par les Proteftans de
l'Angoumois, qui quittèrent cette Province à l'occafion de
la révocation de l'Édit de Nantes ; mais comme l'unique
agent des machines qui fervoient à la trituration du chiffon
étoit le vent, ces Fabricans trouvèrent bientôt de grands
inconvéniens à faire pourrir ce chiffon, fuivant la pratique
générale de la France leur patrie. Ils éprouvèrent plufieurs fois
que leur chiffon parvenu à un point de pourriffage qu'ils
jugeoient convenable pour la trituration, ne pouvoit être
réduit en pâte par des machines, qui faute de vent reftoient
dans l'inaction, & que cette matière étoit alors expofée, ou
à fe gâter, ou à fe perdre entièrement par le progrès de la
fermentation fi le calme continuoit. Ils fentirent donc la
néceffité de fupprimer totalement le pourriffage, puifqu'ils
ne pouvoient changer l'agent de leurs machines. Ainfi, c'eft
à l'impoffibilité de fe rendre maîtres du vent en tout temps
que les Fabricans Hollandois ont dû la découverte intéreffante
des excellentes qualités des pâtes non pourries, telles que
nous les avons expofées dans les articles précédens.

Ayant pris la réfolution d'employer le chiffon dans fon
état naturel & primitif, ils fe virent obligés de changer des
machines qui n'avoient fervi jufqu'alors qu'à triturer une
matière attendrie par le pourriffage ; c'eft dans ces circonftances
que furent inventés les cylindres, & que les maillets furent
perfectionnés.

Lorfque ces Fabricans induftrieux eurent fait ufage des
cylindres, ils s'aperçurent bientôt d'un nouvel avantage qu'ils
n'avoient pas prévu, & dont on doit fentir le prix en Hollande où le chiffon eft fort cher, parce qu'on en tire la plus
grande partie des pays étrangers : ils obtinrent d'un quintal de
chiffon non pourri, quinze à vingt livres de pâte propre à la

I

fabrication, de plus que n'avoit coutume de leur donner une semblable quantité de chiffons lorsqu'ils pourriſſoient.

Ces premières vues de réforme ayant été inſpirées par tous les motifs que je viens d'indiquer, & encouragées enſuite par des ſuccès, elles en firent naître d'autres. A meſure qu'on étudioit le caractère des pâtes non pourries, & qu'on parvenoit à le connoître dans les différens travaux de la fabrication & des apprêts, on modifioit ces travaux ſuivant que ce caractère ſembloit l'exiger, & ſuivant qu'il annonçoit lui-même la route nouvelle qu'il falloit prendre. Il eſt réſulté de tous ces eſſais une ſuite de procédés qui ont été inſenſiblement appropriés aux qualités de la matière qu'on employoit. On a donc ſubſtitué de nouvelles manipulations aux premières; on en a même ajouté de particulières, comme par exemple l'échange, qui n'avoient pas de correſpondantes dans l'ancienne méthode, & il s'eſt formé de la réunion des manipulations modifiées & des nouvelles un Art qui a d'autres principes, un plan d'opérations totalement différent, & des réſultats qui ne reſſemblent point à ceux de l'ancienne méthode que nous avons conſervée en France; & toute cette révolution dans l'art de la Papeterie, a eu pour principe la ſuppreſſion du pourriſſage.

Les beſoins du commerce des Hollandois, qui s'établiſſoit enſuite ſur les débris du nôtre, & leur induſtrieuſe activité ayant multiplié les Fabriques de papier, elles ont toutes été conſtruites & dirigées ſuivant ce nouveau ſyſtème; celles même qui furent établies dans la Gueldre, où les ruiſſeaux préſentoient un agent dont le ſervice étoit plus aſſuré & plus conſtant que celui du vent, n'ont pas conſervé l'ancien uſage de pourrir; ainſi les cylindres ont été introduits dans les Moulins de la Gueldre, & conſtruits de manière qu'ils triturent du chiffon non pourri; & par-tout où les maillets ſubſiſtent encore, ils ont été appropriés au même uſage.

On peut donc dire que dans toutes les Provinces-unies, les Moulins, ſoit à cylindres mus par le vent, ſoit à cylindres mus par l'eau, ſoit à maillets mus par l'eau, réduiſent en pâte du chiffon non pourri ; & que toute la fabrication du papier dans ces Provinces, n'a d'autre bafe que des *pâtes naturelles.*

De l'introduction infructueufe des cylindres en France ; des divers obftacles qui fe font oppofés à l'introduction des procédés Hollandois.

Ces découvertes précieufes avoient perfectionné depuis long-temps la fabrication du papier en Hollande, fans que nous en euffions connoiffance, malgré le commerce animé qui fubfiftoit entre les deux Nations, & malgré l'intérêt que nos Fabricans avoient d'en être inftruits. On fait avec quelle lenteur les nouveaux procédés des Arts les plus utiles fe propagent d'un État dans un autre, lorfque perfonne n'eft chargé particulièrement de fuivre ou de hâter leurs progrès. Cependant la beauté des papiers que nous fourniffoient les Hollandois, & la faveur de leur débit dans toute l'Europe, ouvrirent enfin les yeux à certains Fabricans de France, qui conçurent le projet de les imiter.

Mais il s'en fallut beaucoup que ce projet fût concerté avec toute la maturité & toutes les connoiffances pratiques qui pouvoient en affurer le fuccès. Nul Artifte vraiment confommé dans les procédés Hollandois ne préfidoit, ni au plan ni à l'exécution de cette entreprife. On crut d'abord, que le moyen le plus fûr de réuffir étoit d'adopter les machines nouvelles que les Hollandois avoient introduites dans leurs moulins ; & l'on fe détermina d'autant plus à cette réforme, que les Hollandois eux-mêmes, en publiant les deffins de ces machines, nous avoient mis à portée de les copier & de les établir dans nos fabriques. On ne penfa pas à s'occuper de recherches précifes fur le jeu & le gouvernement de ces machines, fur les détails de leur travail, & enfin fur les principes d'une bonne trituration : cet emprunt que l'induftrie Françoife faifoit à l'invention Hollandoife, n'ayant pas été exécuté avec toutes les conditions qui pouvoient en rendre l'application fûre & infaillible, je veux dire, avec un corps de doctrine qui pût éclairer les Fabricans eux-mêmes, nous avons vu de toutes parts de grandes entre-prifes & de petits fuccès : on ne doit pas être étonné qu'en négligeant ainfi de fe procurer les inftructions dont on avoit befoin, on ait continué à faire pourrir le chiffon que triturèrent les nouveaux cylindres ; & qu'en omettant une circonftance effentielle, on ait manqué le but de plu-fieurs établiffemens confidérables. On obtint donc avec ces cylindres des pâtes à peu-près femblables aux anciennes, & leur emploi affujetti aux procédés ordinaires, nous donna des papiers auffi défectueux que les papiers fabriqués fuivant la méthode commune.

Il faut avouer cependant que l'on retira quelques avan-tages des cylindres ; ils nous procurèrent, par exemple, des pâtes plus égales, plus uniformes que celles qu'on avoit eues jufqu'alors avec les maillets ; outre cela, ils expédièrent inconteftablement le travail de la trituration : car l'on parvint au moyen de ces machines à réduire en pâte dans l'efpace de fept heures de temps, ce que l'on trituroit à peine en vingt heures. Mais l'art de la Papeterie en général, n'en a reçu aucune amélioration ; & les Hollandois, depuis cette époque, ont toujours été en poffeffion de vendre dans toute l'Europe les papiers deftinés à l'écriture & au lavis, exclufivement à nous, parce que nous n'avons jamais pu parvenir à donner à nos papiers ce degré de perfection & ces qualités brillantes qui diftinguoient les leur.

Des Fabricans François attentifs & intelligens, qui avoient, à l'exemple des autres, adopté les cylindres, n'en obtenant pas des effets qui répondiffent à leurs efpérances & à leurs vues, les fupprimèrent & reprirent les maillets. Ils furent déterminés fur-tout à cette fuppreffion par les déchets confi-dérables que le grand lavage & la trituration vigoureufe des cylindres leur occafionnoient avec un chiffon pourri : dé-chets qui furent tels, que d'un quintal de matières pourries, ils retirèrent au plus cinquante livres de pâte, au lieu de foixante-cinq & foixante-dix livres que leur auroient donné les maillets, en pourriffant au même degré.

Cette confidération a forcé les Fabricans , qui ont confervé les cylindres, à diminuer leur activité en émouffant les bandes de fer ou d'autre métal, qui étoient diftribuées fur leur circonférence; en forte qu'on ne peut triturer avec ces cylindres que des chiffons pourris. Mais comme par des machines imparfaites, la trituration fe trouve prolongée au-delà du temps & du degré convenables, il n'en réfulte fouvent que des pâtes sèches & dures, dépouillées des parties les plus fines, & avec lefquelles on ne peut fabriquer que des papiers de qualités inférieures à ceux même des moulins à maillets.

Pendant qu'on faifoit en France des tentatives auffi in-fructueufes pour imiter le papier de Hollande, on étoit bien éloigné d'attribuer ce peu de fuccès à l'ignorance des véri-tables procédés de la fabrication Hollandoife. Au lieu de s'en inftruire, comme je pris le parti de le faire pour lors , on fe confola , ainfi qu'il arrive ordinairement au zèle peu éclairé, & l'on fit les fuppofitions les plus hafardées fur les avantages locaux & particuliers aux Hollandois, fur la nature de leurs eaux, fur la fineffe de leur chiffon , fur les défauts de leurs papiers , &c. Les efprits étoient telle-ment prévenus de ces idées , qu'il me fut difficile de les ramener à la vérité, en leur expofant, à mon retour de Hollande, tous les principes de la méthode Hollandoife.

Il faut avouer que les Fabricans François qui parurent peu difpofés à croire à la méthode Hollandoife & à l'adopter, ne combattirent pas tous avec les armes des préjugés; mais ils opposèrent à la fuppreffion du pourriffage, qui, comme on l'a vu, eft la bafe de cette méthode, des raifons affez folides que leur propre expérience leur fuggéra ; l'imperfection des cylindres vint enfuite appuyer malheureufement toutes ces objections : ainfi nous avons à détruire *les préjugés* que l'ignorance a fait naître & qu'elle entretient, *les raifons* tirées des fuccès *de la méthode Françoife,* & enfin l'objection que préfente *l'infuffifance des cylindres* pour triturer le chiffon non pourri. Tels font les principaux obftacles qui fe font oppofés jufqu'à préfent à l'introduction de la méthode Hollandoife en France, & que nous allons difcuter féparément.

Des Préjugés.

Perfonne n'a été plus à portée que moi de recueillir les préjugés que l'ignorance de la méthode des Hollandois a répandus dans nos moulins au fujet de leur fabrication. Quoique toute la doctrine expofée dans les articles précédens, foit une réfutation de ces préjugés ; cependant ils m'ont paru tellement en vigueur & fi nuifibles par conféquent aux progrès de l'Art, que j'ai cru devoir les rappeler ici pour montrer combien ils font faux & abfurdes, & combien ils répugnent fur-tout aux principes d'une bonne fabrication.

Je commence d'abord par les préjugés qui concernent les matières premières du papier. Un des principaux avantages locaux que les Fabricans François ont attribués aux Hollandois fur eux, c'eft celui des chiffons. Après avoir examiné & reconnu la fineffe & l'égalité des pâtes qui entroient dans la compofition des papiers Hollandois, ils ont imaginé que les chiffons étoient feuls le principe de ces belles qualités, & qu'avec la reffource des peilles, que leur fourniffoient les Provinces-unies & la Flandre, où l'on fait communément ufage d'un très-beau linge, ils avoient été en état d'établir & de foutenir la fupériorité de leur fabrication fur la nôtre.

Mais ces premiers foupçons furent aifément détruits, lorfqu'on apprit que les Hollandois, qui ne pouvoient point, avec leurs propres chiffons, alimenter toutes les Fabriques où l'on travailloit en fin, tiroient à grands frais, de France & d'Allemagne, une partie de leurs provifions en ce genre ; on fe borna donc à préfumer que les attentions fcrupuleufes qu'ils donnoient aux procédés ordinaires de la Papeterie, étoient la feule fource de la perfection de leurs papiers, & l'on ne douta pas, qu'en foignant de même toutes les

manipulations connues, on ne parvînt à des réfultats parfaitement femblables.

Le peu de fuccès de cette feconde prétention, détermina
quelques autres Fabricans à penfer, qu'en formant un feul
fyftème des deux, ils toucheroient plus fûrement au but
qu'ils fe propofoient d'atteindre; ils publièrent par-tout,
qu'en employant une belle matière, bien choifie, & d'un
déliffage exaċt; en triturant avec des cylindres conftruits &
montés d'après les deffins des Hollandois, en raffemblant
d'ailleurs d'habiles Ouvriers à la cuve, &c. ils égaleroient les
plus beaux papiers de Hollande; mais comme dans toutes
ces affertions il n'y avoit rien que de vague, rien qui annonçât
des moyens proportionnés aux réfultats, ces grandes promeffes
n'ont pas produit une rame de papier qui ait rempli les conditions de ce Problème intéreffant.

Ils allèrent plus loin encore: à mefure qu'on leur indiquoit
de nouvelles qualités à imiter dans le papier de Hollande,
ils imaginèrent de nouvelles reffources de la part des Hollandois; ainfi lorfqu'ils furent obligés de convenir, par exemple,
que le papier de Hollande étoit fort adouci à fa furface,
qu'il avoit un velouté & un ton moelleux, dont on n'avoit
jamais pu approcher en France, & que ces brillantes qualités
lui étoient communiquées par les fabricans Hollandois, fans
que fon grain fût détruit : en un mot, que l'étoffe de ce
papier étoit d'un grain très-égal & d'une belle tranfparence;
ils décidèrent d'abord qu'il n'y avoit qu'un laminoir qui pût
produire ces premiers effets. Ils firent donc exécuter, en
conféquence, des machines femblables à celles qu'ils avoient
fuppofées; & ce qu'il y a d'étonnant, c'eft que le peu de
fuccès qu'elles ont eu n'a pas fervi à détromper les Inventeurs.
L'obfervation leur auroit appris, comme j'en ai été convaincu
moi-même par cette voie, que les Hollandois ne *laminoient*
pas leurs papiers fins, mais qu'ils les foumettoient à des
manipulations particulières, qui n'étoient pourtant, à tout
prendre, qu'une répétition & une extenfion des procédés
ordinaires.

Quant à la fineſſe, à l'égalité du grain & à la tranſparence de l'étoffe, ils n'y virent que la beauté des chiffons &
leur triage exact; l'obſervation leur auroit auſſi appris, qu'outre
ces conditions, que je ſuis très-éloigné de regarder comme
inutiles, une trituration uniforme & une enverjure régulière,
en conſéquence du travail de la cuve à grande eau, & de
la lenteur des balancemens de l'Ouvrier, étoient les principales cauſes de ces qualités.

Je ne rappellerois pas ces prétentions qu'il eſt ſi aiſé de
détruire, ſi nos Fabricans n'euſſent pas, pour la plupart,
dirigé d'après ces faux erremens, des entrepriſes très-conſi-
dérables & très-diſpendieuſes, & ſi, en expliquant auſſi
merveilleuſement les reſſources de l'induſtrie Hollandoiſe,
dans la fabrication de ces beaux papiers qui excitoient leur
émulation, ils n'euſſent pas fabriqué, avec ces moyens
imaginaires, des étoffes plus imparfaites encore que celles
qu'avoit fournies la méthode commune & ordinaire *(f)*.

Après des épreuves auſſi infructueuſes, on changea de
ton & de diſcours: on voulut ſe conſoler en ſoutenant que
le papier de Hollande avoit des qualités plus brillantes que
ſolides; que la douceur de l'étoffe, l'uniformité & la tranſparence des pâtes ne pouvoient compenſer les défauts très-
réels & très-connus, qu'avoient ces papiers, de ſe couper
dans les plis & de ſe laiſſer *percer* par les caractères d'Imprimerie *neufs & aigus*; ainſi l'on eſſaya de méconnoître les
qualités de ces papiers appropriées à certains uſages, parce
qu'ils ne réuniſſoient pas à celles-là d'autres qualités juſqu'ici
incompatibles, & qui convenoient à des uſages totalement
différens; en un mot, on prétendit que le papier propre à

(f) Depuis que j'ai écrit ceci,
M. Cuvelier à Lille, aidé de
l'expérience de M. Écreviſſe, &
M.ʳˢ Henri & Dervaux à Angoulême, avec une théorie éclairée,
ſont parvenus à fabriquer des papiers
qui approchent beaucoup des papiers
Hollandois; il eſt vrai qu'ils ont
ſupprimé le pourriſſage, & qu'ils
ont trituré avec des machines aſſez
parfaites pour réduire en pâte le
chiffon non pourri.

l'écriture

l'écriture & au lavis, devoit également bien fervir à l'impreffion des caractères & de la gravure. J'ai déjà répondu, dans
mon premier Mémoire, à tous ces reproches, & j'y ai prouvé,
que plus on avoit, par des apprêts foignés, rendu des papiers
propres à certains ufages, moins ils convenoient à d'autres;
que ceux qui étoient applicables indifféremment à tout ,
n'avoient point de caractère particulier qui les fît rechercher
pour une deftination quelconque. Enfin , dans l'article précé-
dent, j'ai fait voir que les qualités de différens papiers,
fouvent oppofées, étoient fur-tout dépendantes de la nature
des pâtes pourries & non pourries.

Cependant, pour donner plus de force à leurs imputations,
ces détracteurs du papier de Hollande effayèrent de remonter
jufqu'à la caufe de leurs défauts : ces papiers, nous difoient-
ils, fe coupent dans les plis, parce que les molécules de la
pâte qui entrent dans leur compofition, étant trop broyées,
n'ont pas entr'elles une *tenacité* & une adhérence fuffifante;
& ce qui le prouve encore, ajoutoient-ils, c'eft que tous
ces papiers font en général fort épais, & que les Hollandois
ont été obligés de fuppléer par cette épaiffeur de l'étoffe à
ce qui manquoit à l'adhérence des fibres. Pour répondre
à ces raifonnemens , il fuffiroit de rappeler ici la manière
dont le papier de pâte non pourrie fe comporte dans tous
les procédés de la fabrication & des apprêts; phénomènes
conftans, comme on l'a vu, & d'après lefquels je me fuis
cru autorifé à regarder le papier de Hollande , comme une
étoffe infiniment plus ferme & plus folide que la nôtre ,
moins fufceptible de fe caffer, foit dans les mains du *Leveur*,
foit dans celles du *Releveur*, avant & après la colle; plus
difpofée enfin à fe fécher, à fe feutrer, à s'adoucir fous la
preffe. Or comment une étoffe qui fe prête fi facilement à
toutes ces manipulations, & qui fe perfectionne au contraire
par toutes ces épreuves, peut-elle être confidérée comme un
compofé de fibres peu adhérentes entr'elles? N'eft-ce pas,
comme je l'ai déjà remarqué, l'adhérence primitive des molécules de la pâte dans une feuille nouvellement ébauchée qui

K

les met en état d'en acquérir une plus forte , & de réfifter fans fe caffer aux déplacemens & aux changemens de fituation qui ont lieu lors des *relevés.*

J'ajoute encore que cette ténacité & cette adhérence eft une fuite de l'état des pâtes Hollandoifes, qui n'ayant pas été énervées par la fermentation , ont confervé leur reffort primitif. Comment peut-on après ces confidérations, imaginer que cette étoffe change totalement , lorfqu'elle eft fabriquée ; que ce foit faute de *ténacité* que fes fibres ne peuvent foutenir l'effort des caractères d'imprimerie , & fe féparent dans les plis ? N'eft-il pas plus naturel de croire que ce défaut a pour principe la roideur des molécules de la pâte non pourrie, & l'union des fibres très-rapprochées & très-feutrées par l'effet des preffes , ainfi que je l'ai déjà dit dans mon premier Mémoire.

D'un autre côté, il eft évident que la prétendue *force* & la *bonté* de nos papiers, qui fe coupent peu dans les plis, qui prennent l'empreinte des caractères d'imprimerie fans fe rompre, quoiqu'ils réfiftent difficilement aux manipulations de l'échange, n'ont d'autre caufe que la molleffe même des fibres de leurs pâtes, qui ne *foutiennent* bien un effort qu'en cédant infenfiblement à cet effort, comme il y en a tant d'exemples en Phyfique.

M. Defventes (g) a pouffé encore plus loin les fuppofitions ; il a voulu, indiquer la caufe première du peu d'adhérence qu'il fuppofoit, contre toute évidence, dans les fibres des pâtes Hollandoifes ; en conféquence des recherches qu'il a faites à ce fujet, il attribue la fragilité du papier de Hollande à des leffives chargées d'alkali très-fort, qui ayant énervé le chiffon dont fe fervent les Hollandois, ont communiqué la même molleffe à la pâte. A cela j'oppofe deux faits pofitifs ; 1.º les Hollandois ménagent avec foin leur linge dans les leffives , & fe contentent fouvent de le blanchir par de fimples arrofages ; 2.º ils ne pourriffent pas leur chiffon. Comment donc

---

(g) Voyez l'Art de faire le Papier, par M. de la Lande, *page 12 5.*

un habile homme qui fe flatte d'avoir quelque connoiffance dans la Papeterie, & qui s'eft trouvé à la tête d'un établif-fement protégé par les États de Bourgogne, a-t-il reconnu dans la pâte du papier de Hollande un chiffon énervé par les leffives, & dénaturé par le pourriffage ? L'obfervation & l'expérience dépofent *(art. 1)* également contre ces fuppofitions, & ne permettent pas plus de croire à ce même Fabricant, lorf-qu'il avance fans preuve, que les Hollandois qui achettent nos papiers *font rebattre* nos pâtes, afin de donner plus de *fineffe* & plus d'*épaiffeur* à ceux qu'ils fabriquent enfuite avec nos matières. M. Defventes auroit dû, ce me femble, décom-pofer fon propre papier, & effayer de nous donner une idée de ce prétendu travail des Hollandois ; fes fuccès nous auroient plus convaincus que fes affertions. Quelques autres Fabricans ont cru enfin que la *fragilité* du papier de Hollande provenoit de la qualité des eaux faumâtres de Sardam : ceux-là igno-roient fans doute avec quel foin les Hollandois purifient les eaux qu'ils tirent du fol à une profondeur confidérable ; ils ignoroient également qu'une grande partie des papiers qui fe vendent fous le nom des riches Fabricans de Sardam, étoient travaillés en Gueldre fur des ruiffeaux d'eau-douce, & qu'ils étoient auffi caffans que ceux de Sardam. On pourroit ajouter auffi à ces papiers ceux de Flandre, qui, quoique fabriqués fur des rivières, ont les mêmes défauts.

Si la fragilité du papier de Hollande n'eft pas la fuite du peu d'adhérence des fibres de la pâte qui compofent ces étoffes, ce n'eft donc pas pour fuppléer à cette adhérence, que les Fabricans Hollandois leur donnent une certaine épaif-feur ; mais, outre cela, il eft aifé de voir que dans cette hypothèfe, une reffource pareille ne pourroit pas produire l'effet qu'on imagine.

En fuppofant que les fibres des pâtes Hollandoifes n'euffent que très-peu de ténacité entre elles, comment a-t-on pu croire qu'en accumulant une certaine quantité de ces fibres on obtiendroit une étoffe ferme & folide ? Il eft vifible que la confiftance du tout n'eft que le réfultat de la ténacité de chacune des molécules & de leur difpofition partielle à s'unir enfemble.

D'ailleurs il fuffit de faire attention aux procédés de la fabrication & des apprêts, pour fentir que la fermeté des papiers étoffés ne doit pas croître en même raifon que leur épaiffeur ; car les molécules de la pâte s'arrangent moins régulièrement fur les formes lorfqu'elles font abondantes , que lorfqu'elles le font peu ; outre cela, il eft plus facile de fécher & de feutrer fous la preffe des feuilles d'une épaiffeur médiocre que des feuilles d'une épaiffeur confidérable ; la ténacité des pâtes dépendant fur-tout de l'effet des preffes, comme je l'ai montré en plufieurs occafions. On n'avoit donc pas bien apprécié toutes ces circonftances lorfqu'on a cru que l'épaiffeur de l'étoffe fuppléoit au défaut d'adhérence qu'on avoit fuppofé gratuitement dans les molécules des pâtes Hollandoifes.

Au refte, certains papiers, tels que le Grand Cornet, le Cardinal & d'autres papiers à lettres qui nous viennent de Hollande, peuvent nous raffurer pleinement fur ce peu de ténacité, en nous donnant de la légèreté du travail des Fabricans Hollandois une idée bien contraire à celle que nous réfutons. Ces Sortes, très-minces, offrent une preuve convaincante de l'adhérence des fibres des pâtes naturelles, car elles ont fubi tous les apprêts des deux échanges avec autant de fuccès que l'auroient pu faire des papiers plus étoffés.

C'eft en fuivant encore des idées auffi peu exactes qu'on a regardé les papiers de Hollande comme des étoffes plus *fournies* de pâtes que les nôtres, parce qu'ils avoient plus de corps & de fermeté, & l'on en a conclu, contre toute vérité, que les Hollandois mettoient beaucoup moins d'eau que nous dans leurs pâtes, que *leurs cadres* devoient *être très-élevés*, & qu'*ils promenoient moins* que nous.

Nous avons vu que la fabrication des Hollandois étoit dirigée fur des principes totalement différens ; 1.° qu'ils travailloient à grande eau ; 2.° que leurs cadres n'étoient pas autant élevés à proportion que les nôtres ; qu'enfin ils promenoient beaucoup plus long-temps que nous.

Lorfqu'on a établi le principe dont l'on a tiré tant de fauffes conféquences, on n'a pas penfé que l'épaiffeur apparente des papiers dont il eft queftion, vient feulement de la nature des pâtes qui fourniffent beaucoup plus en volume qu'en poids, & qu'en général, un papier fait avec du chiffon non pourri, doit paroître, à poids égal, beaucoup plus épais que celui qui feroit compofé de pâtes pourries. Ainfi le Grand Cornet de Hollande, que je viens de citer, quoique feulement travaillé au poids de douze livres, remplit plus la main & paroît plus étoffé que celui de France qui fe fabrique communément au poids de treize livres & demie & quatorze livres. Dès que les Hollandois fabriquent au même poids que nous, ou à poids un peu fupérieur, comme font certaines Tellières, ces papiers paroiffent trop épais, & n'ont plus le mérite d'une belle fabrication.

Nous avions appris affez vaguement, qu'en Hollande le travail de l'ouvrier de cuve étoit fort lent, il n'en fallut pas davantage pour attribuer cette lenteur à la trop grande épaiffeur de la matière qu'il affembloit fur la forme, & que l'eau ne pouvoit pas traverfer affez promptement. J'avoue que plus la matière eft épaiffe fur la forme, plus l'eau furabondante doit trouver d'obftacle à la traverfer, lorfqu'il ne s'y mêle pas d'autres circonftances qui dérangent ces effets; mais fi la feule épaiffeur de la matière s'oppofoit à l'écoulement de l'eau en Hollande comme ailleurs, nos Ouvriers, lorfqu'ils fabriquent des papiers également fournis de pâte, éprouveroient dans leur travail le même ralentiffement qu'éprouve chez les Hollandois l'Ouvrier de cuve, puifque toutes les circonftances agiroient de même. Il eft certain cependant que nous travaillons ces Sortes un peu étoffées, bien plus promptement que les Hollandois ne fabriquent, ou des Sortes d'une égale épaiffeur ou même d'autres un peu moins épaiffes. Pourquoi l'eau s'écoule-t-elle à travers nos pâtes avec une telle célérité que nous pouvons en *ouvrer* fept à huit rames pendant le même temps que les Hollandois n'en fabriqueroient pas cinq de papier moins étoffé? Il faut donc qu'il y ait d'autres caufes qui influent fur cette différence du travail des Ouvriers François & Hollandois, & toute cette différence vient encore d'un principe que n'ont point soupçonné nos Fabricans; c'est-à-dire, de la nature des pâtes non pourries, comme je l'ai prouvé par tant de faits & de raisonnemens.

Il résulte de cette longue discussion, que les matières premières du papier sont à peu-près les mêmes en Hollande comme en France; que les papiers fabriqués par les deux Nations reçoivent dans les Ateliers respectifs des préparations différentes qui servent à les distinguer & quant aux apprêts & quant aux usages; qu'on n'emploie pas de Laminoir en Hollande pour adoucir la surface des feuilles de papier & leur grain; mais qu'on les fait passer par des manipulations plus conformes au travail ordinaire de la Papeterie; que la transparence des papiers & l'égalité de leur grain sont la suite d'une trituration uniforme, d'un travail à grande eau, & des balancemens fort longs de l'Ouvrier de cuve.

Que le papier de Hollande est *bon* pour certains usages, quoiqu'il ne puisse servir à d'autres; que s'il se coupe quand on le plie, s'il ne prend pas, comme il convient, l'empreinte des caractères & des planches en taille-douce, on ne peut en attribuer la cause au peu d'adhérence des fibres de la pâte Hollandoise entre elles & à leur mollesse, mais au contraire, à la roideur de ces fibres non pourries & au feutrage qu'elles éprouvent à la suite des deux échanges; que les Hollandois peuvent fabriquer & apprêter beaucoup plus facilement que nous des papiers minces, & que s'ils font certaines Sortes plus étoffées que les nôtres, c'est plutôt l'effet du ressort de la pâte non pourrie, qui fournit plus en volume qu'en poids, que la nécessité de suppléer par l'épaisseur au peu d'adhérence des molécules de la pâte entre elles; que la lenteur du travail des Hollandois est encore une conséquence de la nature de ces mêmes pâtes, qui ne livrent point à l'eau un passage aussi facile que les pâtes pourries.

Telles sont les vérités que les *préjugés* avoient altérées, & que l'observation m'a mis à portée de rétablir de manière que l'erreur contraire ne pût s'oppofer au progrès de l'Art dans nos Ateliers. Il me refte à combattre de même une forte d'obftacles plus redoutables encore ; je veux parler des objeƈtions qu'offrent naturellement les fuccès de la méthode Françoife.

Objeƈtions tirées des fuccès de la méthode Françoife ; & Réponfes à ces objeƈtions.

Après mon retour de Hollande, je me hâtai de raffem-bler toutes les obfervations que j'avois recueillies fur l'objet qui m'occupe aƈtuellement, & d'en former un corps de doƈtrine auffi complet qu'il me fut poffible. J'en fis part aux Fabricans François les plus riches & les plus intelligens qui pouvoient en faifir les principes & entrer dans mes vues ; en expofant ainfi la méthode Hollandoife, j'avois également intention de détruire les fauffes idées que les préjugés avoient laiffées dans certains efprits, & de reftituer les vrais procédés qu'ils avoient défigurés.

J'avouerai que mes premières démarches produifirent fur ces Fabricans des impreffions différentes ; les uns trouvèrent dans l'expofition de ces nouveaux procédés, un dénouement fimple & facile de tout ce qui les avoit frappés dans la compofition du papier de Hollande, & ils continuèrent à l'étudier encore d'après ces principes, pour réfoudre avec plus d'avantage par la fuite, le problème de fa fabrication ; leurs efforts ont eu des fuccès très-fatisfaifans, mais ce fut le plus petit nombre qui travailla fur ce plan.

D'autres en plus grand nombre, opposèrent à cette doc-trine les connoiffances qu'ils avoient acquifes par une expérience journalière. Inftruits de tous les procédés de la méthode Françoife, ils annoncèrent qu'ils avoient la plus grande répugnance à prendre pour bafe de leur travail un chiffon non pourri ; ils alléguèrent des fuccès certains & foutenus qui les autorifoient, felon eux, à croire qu'il n'y avoit pas d'autre moyen de détruire le tiffu des chiffons,

d'en procurer le lavage exact, & de les réduire en une pâte
bien uniforme, que d'attendrir leur fubftance par le pourriffage, quand même la fermentation occafionneroit des déchets
& des altérations dans cette fubftance. Comme ils s'étoient
tracé, quant aux degrés du pourriffage, des limites qu'ils fe
faifoient un devoir de ne pas franchir, ils ne trouvoient de
marche affurée pour leur travail qu'entre ces limites ; s'ils
pourriffoient trop, ils rencontroient des inconvéniens, mais
moins grands que quand ils ménageoient trop le pourriffage ; auffi s'approchoient-ils toujours plus de cette première
limite : car trop près de la feconde, les *peilles vertes* ou peu
pourries, après avoir pris de la *graiffe* pendant l'affinage,
gênoient enfuite prefque tous les travaux de la cuve & des
apprêts, & confervoient leur caractère dans l'étoffe du papier
de manière à faire redouter leur emploi.

Ces mêmes Fabricans s'étoient tellement accoutumés aux
pâtes pourries, comme à la feule matière qui convînt à leur
fabrication & même à toute fabrication, qu'ils indiquoient
les qualités eftimables d'ailleurs que le pourriffage porté à
un certain degré, ne manquoit jamais de donner à leurs
papiers ; en forte que la méthode Hollandoife, malgré la
beauté de fes produits, leur répugnoit précifément, parce
qu'elle préfentoit d'étranges exceptions à leurs principes
chéris. Pour fe maintenir dans cette pofition, ils invoquèrent
les Loix elles-mêmes, par lefquelles l'Adminiftrateur, qui
avoit confidéré le pourriffage comme une pratique effentielle
à notre fyftème de fabrication, avoit cru devoir prefcrire
rigoureufement toutes les précautions qui pouvoient en
affurer le fuccès.

J'étois bien éloigné de condamner tous ces principes qui
étoient inconteftables, tant qu'on borneroit leur application
à l'efpèce d'induftrie qui avoit fervi à les établir ; mais je ne
diffimulai pas à ces Fabricans qu'ils étoient dangereux & faux
lorfqu'on hafardoit de les porter au-delà, & de leur donner
une extenfion indéfinie.

Je leur repréfentai en conféquence, que pour avoir une
idée

idée du pourriſſage & de ſes effets, il falloit comparer, ainſi
que je l'ai fait *(article Ier)*, les pâtes pourries avec les pâtes
non pourries; que c'étoit le ſeul moyen de généraliſer les
connoiſſances qu'on pouvoit acquérir ſur cette matière importante, & de ne pas courir le riſque de prendre une partie
de l'art de la Papeterie, c'eſt-à-dire, celle qui s'occupe ſeulement de la fabrication des pâtes pourries, pour l'Art tout
entier : qu'ainſi, tant qu'ils voudroient fabriquer certaines
Sortes qui réuſſiſſoient avec leurs procédés, il n'étoit pas
queſtion de ſupprimer le pourriſſage. Je les avertis cependant
de ne pas confondre, ainſi qu'ils me paroiſſoient le faire dans
leurs objections, les pâtes non pourries altérées par la *graiſſe*,
avec les pâtes non pourries pures, telles que les Hollandois
les obtenoient au moyen de leurs machines : cette diſtinction
une fois admiſe, je convenois qu'on pouvoit prendre une
idée juſte des deux méthodes Françoiſe & Hollandoiſe; en
conſidérant la première comme opérant ſur des pâtes pourries
auſſi pures qu'elles peuvent l'être après un pourriſſage modéré,
& la ſeconde comme travaillant ſur des pâtes non pourries
& pures : qu'en partant de-là il n'y auroit plus lieu à des
équivoques & à des imputations injuſtes. Je ſoutenois donc
qu'avec la baſe du travail de la ſeconde méthode; c'eſt-à-dire,
avec des pâtes naturelles pures, il étoit plus aiſé de faire de
beau & de bon papier dans les eſpèces particulières à ces
pâtes que de fabriquer avec les matières propres à la première
méthode des étoffes auſſi bien conditionnées. J'avouois en
même - temps bien volontiers, que malgré cette difficulté
nous avions eu le mérite de la vaincre avantageuſement
toutes les fois que la matière pourrie avoit fait une condition
eſſentielle de la fabrication; mais que nous avions eu de grands
déſavantages lorſque cette circonſtance n'étoit pas aſſortie aux
uſages des papiers.

Il eſt viſible que dans cette diſcuſſion j'étois guidé par les
principes qui m'avoient ſervi à former le caractère diſtinctif
des produits de chaque méthode *(article III)* : qu'ainſi, bien

L

loin de vouloir fupprimer les procédés dont les Fabricans François étoient les défenfeurs exclufifs, je n'avois rien plus à cœur que de les rendre plus fûrs & plus fixes, en affignant aux deux méthodes leur marche, leurs limites & leurs réfultats.

D'après cette analyfe des méthodes, il me fut aifé de les convaincre qu'il étoit auffi déraifonnable de vouloir imiter le papier de Hollande, en confervant leur fyftème de fabrication, qu'il le feroit à un Fabricant Hollandois de prétendre imiter le papier de France avec toute la manutention qui eft en ufage dans fes moulins; car pour imiter le papier de Hollande, il eft moins queftion de faire mieux en foignant les mêmes procédés, que de faire autrement en employant une matière & des manipulations différentes : bien entendu qu'une des deux méthodes pourroit emprunter de l'autre certains procédés, certaines attentions, & s'éclairer dans plufieurs détails. C'eft ainfi que je crus devoir amener ces Fabricans au but que je me propofois; & qui confiftoit à embraffer dans toutes fes parties l'Art de la Papeterie, en étendant les vues de leur commerce comme celle de la fabrication, & en portant leur induftrie jufqu'où elle pouvoit s'accroître par les nouveaux procédés que je leur indiquois. Ils virent enfin que je ne me bornerois dans mes defirs que lorfqu'ils feroient en état de fatisfaire aux demandes de tous les Confommateurs, & que c'étoit d'après ces demandes qu'ils pourroient fe décider fur le choix des deux méthodes, fuivant qu'elles leur offriroient les moyens de remplir ces demandes.

De l'infuffifance de nos Machines pour broyer le chiffon non pourri.

Un des plus grands obftacles qui fe foit oppofé à l'introduction des procédés Hollandois en France, c'eft l'infuffifance de nos machines pour broyer le chiffon non pourri; & fur-tout celle des cylindres que nous avons copiés d'après les deffins des Hollandois eux-mêmes. Comme le premier principe de leur fyſtème de fabrication, eſt de travailler ſur des pâtes non pourries pures, il eſt viſible que l'on ne peut l'adopter, tant qu'on ne ſera pas en état de remplir une condition auſſi eſſentielle; & j'avoue bien ſincèrement que tous nos eſſais dans ce genre ne nous en ont pas encore fourni les moyens *(h)*.

Inutilement tenteroit-on de faire triturer du chiffon non pourri à Montargis, à Vougeot en Bourgogne, à Montbron en Angoumois, où l'on a établi des cylindres à grands frais; ſi ces machines réſiſtoient à ce travail, & qu'on parvînt à réduire le chiffon en pâte affinée, il eſt certain que ces pâtes ne ſeroient pas exemptes de *graiſſe*, & propres à être fabriquées & apprêtées comme les pâtes Hollandoiſes. Je parle ici d'après des eſſais infructueux.

On jugera d'ailleurs de l'imperfection de nos cylindres, en comparant leurs effets avec ceux des cylindres Hollandois. A Sardam, où l'on ne pourrit pas, comme je l'ai déjà dit, les cylindres ſont ſi bien conſtruits & montés avec tant de préciſion qu'on peut déſiler en une heure & demie, & raffiner en deux heures; au lieu qu'à Montargis, quoiqu'on y triture du chiffon fort attendri par le pourriſſage, on n'obtient une pâte réduite qu'après trois heures d'effilochage, & quatre heures de raffinage.

C'eſt ſur-tout par ces machines que les Hollandois ſont ſi ſupérieurs à nous. La Papeterie eſt, comme l'on fait, une ſuite d'opérations exécutées ſucceſſivement par des machines & par des hommes; il eſt évident que plus l'effet des machines eſt exact, plus les Ouvriers qui leur ſuccèdent ont de facilité à remplir leur tâche, & à ſaiſir leur but; lorſqu'au contraire ces machines ſont défectueuſes, plus il reſte de travail pour les hommes, & moins ils peuvent répondre des

---

(h) Depuis 1774, que j'écrivois ceci, il s'eſt établi quelques cylindres dont le travail eſt bien ſatisfaiſant.

réfultats; car ils font obligés de fuppléer, autant qu'il eft poffible, ce qui manque à l'opération des machines, avant de compléter ce qui étoit réfervé à leur induftrie.

Les Hollandois, en diminuant la tâche des hommes, fe font attachés à tirer les plus grands fervices de leurs machines; c'eft dans ces vues qu'ils les conftruifent & les entretiennent avec des attentions & des dépenfes qui étonnent toujours. Tout dans leurs Ateliers eft dirigé vers ce point effentiel. En France, on ne paroît pas auffi occupé des machines ; dans de grandes & vaftes Fabriques, à peine y trouve-t-on deux cylindres qui ne peuvent tourner fans s'engorger, ou qui font émouffés contre leur platine, fans qu'on penfe à les ragréer comme il convient.

L'imperfeftion de ces cylindres, en France, a eu pour principe le peu de dureté de la matière qu'ils devoient broyer, car on les a conftruit d'après un plan dépendant des fervices qu'on en attendoit, & comme on n'en a pas plus exigé que des maillets, il n'eft pas étonnant qu'on ne les ait pas armés avec plus de foin.

C'eft donc l'ignorance des procédés Hollandois qui a dégradé ces machines entre les mains de nos Artiftes ; fi nous les euffions adoptées comme faifant partie d'un nouvel Art, leurs différentes pièces auroient été préparées & difpofées fuivant les effets que ce nouvel Art favoit en tirer ; plus parfaites, elles auroient fans contredit aplani toutes les difficultés, & accéléré les progrès de ce nouvel Art ; au lieu que dans l'état d'imperfeftion où elles fe trouvent, elles forment un des plus grands obftacles qui fe foit oppofé à fon introduftion en France : c'eft ainfi que les tentatives qu'on fait pour perfeftionner les Arts, nuifent plutôt à leurs progrès, lorfqu'elles ne font pas dirigées par une théorie éclairée.

Tout eft donc à faire dans cette partie : il faut recourir encore à nos modéles, emprunter d'eux les machines, les principes de leur conftruction , & la méthode fûre de les gouverner, & éclairer toute cette partie par le rapprochement des procédés qui précèdent & qui fuivent la trituration.

J'embraffe encore un plan de réforme plus étendu : quelque fyftème de fabrication qu'on adopte, foit qu'on prenne pour bafe de fon travail des pâtes pourries, foit qu'on emploie des pâtes naturelles, il eft effentiel qu'on ne foit nullement gêné par les machines; il faut donc qu'elles triturent également bien une matière attendrie ou non attendrie par le pourriffage. Le Fabricant fera dans une pofition défavantageufe toutes les fois qu'il ne commandera pas à ces machines, & que, dépendant d'elles, il fe verra obligé de modifier, fon travail, d'après leur petite portion d'activité. Donnez-lui des machines, conftruites de manière qu'il puiffe, par leur fecours, tirer le plus grand parti des chiffons pourris ou non pourris, & obtenir des pâtes bien égales & bien pures dans tous ces cas. Tel eft le point de perfection où j'afpire ; par rapport au mécanifme de la trituration des pâtes ; mes moyens font auffi fimples qu'affurés , puifqu'ils fe bornent à rapprocher & à combiner les reffources de ce genre que l'Art a dans fa poffeffion , foit en Hollande , foit en France.

Ceci me conduit naturellement à parler des *moyens* qu'il convient d'oppofer aux obftacles que je viens de combattre. Ces moyens, que je ne ferai qu'indiquer ici, fe réduifent tous à l'*inftruction :* il n'eft queftion que des objets fur lefquels cette inftruction doit rouler & de la manière de la proportionner aux différens befoins qu'on en a. L'inftruction doit d'abord embraffer tous les procédés de l'Art, tous les détails des manipulations qui font le partage des Ouvriers; ce font les vues que je me fuis attaché à remplir dans les deux Mémoires que j'ai publiés fur la Papeterie : j'y expofe le fond de la méthode Hollandoife, qui jufqu'à préfent n'étoit pas connue de nos Fabricans, j'y fais auffi une comparaifon fuivie & raifonnée des procédés particuliers à notre méthode Françoife, & j'en déduis des principes propres à éclairer la pratique.

(88)

Les Fabricans François y trouveront un corps de doctrine & un plan de conduite qui pourra les guider dans leurs entreprises.

Le second objet d'instruction font les machines. Je m'occuperai de ce qui concerne leur construction, leur jeu, leurs effets, dans un troisième Mémoire qui suivra de près celui-ci. J'y développerai en même-temps tout ce qui peut avoir rapport à la trituration des pâtes.

Il est encore un moyen d'instruction qui me paroît beaucoup plus efficace que tout le travail qui précède, mais qui le suppose; c'est l'établissement d'un Atelier où tous les procédés & les machines feroient en action, & qu'on ouvriroit à l'obfervation & aux recherches de ceux qui voudroient en prendre une connoiffance plus ou moins approfondie. Cet Atelier, construit d'après un plan raifonné, montreroit l'ordre & la liaifon des opérations, leur fuite & leur progrès; offriroit enfin un fyftème général de fabrication de toutes les Sortes de papiers, d'après lequel les Fabricans pourroient adopter ce qui conviendroit le mieux à leurs vues ou à leur commerce; ils n'y trouveroient que des procédés éprouvés & vérifiés par les réfultats.

Faute d'une marche affurée par des principes infaillibles, on a fait depuis trente ans en France des dépenfes immenfes fans qu'il en foit réfulté une amélioration fenfible dans l'induftrie nationale. L'ignorance & l'incertitude fi préjudiciables à la fortune des Fabricans & au progrès de l'Art, fe diffipant par tous ces fecours, ceux qui font fufceptibles d'émulation appliqueront à la perfection de leur Art les reffources qu'ils perdent journellement en effais auffi mal conduits qu'infructueux.

Le Gouvernement eft convaincu que la meilleure manière d'adminiftrer les Manufactures eft d'y porter l'efprit de recherche & d'inftruction, & que le moyen le plus efficace de proportionner cette inftruction aux befoins des Fabricans, c'eſt de mettre tout en action dans leurs Ateliers. Il ſait que les Ouvriers qui liſent peu , obſervent & copient beaucoup ; & qu'autant ils oppoſent de préjugés au ſimple raiſonnement & à la ſpéculation inactive, autant ils ſe laiſſent perſuader lorſqu'ils peuvent lier un procédé nouveau à un procédé connu.

C'eſt ainſi que s'opèrera dans la Papeterie une révolution que l'intérêt du commerce appelle, & que le zèle & les lumières de quelques Fabricans ſeconderont utilement : je me croirai heureux ſi après en avoir préparé les moyens je puis en ſuivre la marche & les progrès.

FIN.